多智能体系统一致性分析与设计

詹习生　韩　涛　郝莉莉　汪　丽　著

科　学　出　版　社

北　京

内 容 简 介

一致性问题是多智能体系统协同控制的根本问题，也是控制领域的热点研究问题。本书系统介绍作者近年来在多智能体系统一致性分析与设计领域的研究成果，具体内容包括非线性多智能体系统的固定时间分组一致性以及二部一致性，异构多智能体系统在输入饱和下的一致性，二阶多智能体系统在扰动观测器、事件触发以及量化通信条件下的一致性，基于干扰观测器多智能体系统的双边包含控制问题等。

本书适合控制理论、系统科学及相关专业的高年级本科生、研究生、教师和广大科技工作者以及工程技术人员参考使用。

图书在版编目（CIP）数据

多智能体系统一致性分析与设计 / 詹习生等著. —北京：科学出版社，2022.12

ISBN 978-7-03-074351-0

Ⅰ. ①多… Ⅱ. ①詹… Ⅲ. ①智能系统-研究 Ⅳ. ①TP18

中国版本图书馆 CIP 数据核字（2022）第 241477 号

责任编辑：赵艳春 高慧元 / 责任校对：崔向琳
责任印制：吴兆东 / 封面设计：蓝正设计

科学出版社出版

北京东黄城根北街 16 号
邮政编码：100717
http://www.sciencep.com

中煤（北京）印务有限公司印刷

科学出版社发行 各地新华书店经销

*

2022 年 12 月第 一 版 开本：720 × 1000 1/16
2024 年 8 月第二次印刷 印张：9 1/4
字数：180 000

定价：88.00 元

（如有印装质量问题，我社负责调换）

前 言

随着生物学、计算机科学、人工智能、控制科学、社会学等多个学科交叉和渗透发展，多智能体系统越来越受到众多学者的广泛关注，已成为当前学术界的热点问题。多智能体系统是由一系列相互作用的智能体构成的，内部的各个智能体之间通过相互通信、合作、竞争等方式，完成单个智能体不能完成的，大量而又复杂的工作。随着工业和经济的发展，人们越来越关注各个智能体之间相互协调合作而不冲突地完成任务，因此多智能体系统的协同控制显得非常重要。一致性问题作为多智能体系统协同控制中的一个研究热点，主要是基于多智能体系统中的智能体相互之间的信息交换，通过设计一致性协议使得所有智能体的状态达到某个同一值。当然，一致性问题作为智能体之间合作协同控制的基础，在多智能体分布式协同控制问题中，具有重要的理论价值和现实意义。

本书以多智能体系统的动力学行为以及协同控制为背景，结合复杂网络理论、代数图论以及控制理论等相关知识，对多智能体系统的一致性、二部一致性以及双边包含控制等问题进行研究。

本书共分为 11 章。第 1 章对多智能体系统的研究背景及意义、一致性问题的研究现状等进行综合阐述。第 2 章给出本书中用到的基本概念和数学知识。第 3 章讨论了非线性多智能体系统的分布式固定时间跟踪控制问题。第 4 章介绍了非线性输入饱和及不饱和下的二阶多智能体系统的控制问题。第 5 章讨论了扰动观测器下非线性受扰多智能体系统的二部一致性问题。第 6 章研究了基于事件触发的多智能体系统固定时间二部一致性问题。第 7 章讨论了量化通信下多智能体系统的二部输出一致性问题。第 8 章介绍了基于干扰观测器的多智能体系统状态反馈和输出反馈的双边包含控制问题。第 9 章讨论了线性多智能体系统的抗干扰状态反馈和抗干扰输出反馈双边包含控制问题。第 10 章介绍了一阶和二阶带干扰多智能体系统的固定时间双边包含控制问题。第 11 章介绍了奇异多智能体系统的自适应双边包含控制问题。

本书得到了以下项目的资助：国家自然科学基金项目“不完全信息下无线网络化系统性能分析与安全控制”（No. 62072164）、“不确定通信下异质多智能体系统分析与优化设计”（No. 62071173）、“融合通信参数的多变量网络化系统分析与设计”（No. 61971181）。书中内容集中体现了以上项目的最新研究成果。

限于作者水平，书中难免存在疏漏之处，敬请广大读者批评指正。

作　者

2022 年 7 月

目　录

第1章 绪 论

多智能体系统的性能研究是现在控制领域内的一个热点话题，其影响力已经渗透到各个系统领域，如生物系统、军事系统、经济系统等，其相关的研究已成为目前学术界一个具有挑战性的研究课题。本章首先介绍多智能体系统的研究背景及意义；然后对多智能体系统性能分析问题的研究现状进行综合阐述；最后介绍本书的主要内容及研究工作。

1.1 研究背景及意义

复杂性科学作为前沿学科之一在物理学家霍金眼里是21世纪的科学，这表明了21世纪科学的首要任务是解释复杂系统的运动规律，以满足人类认识、探索和改造未知奇妙世界的需求。20世纪90年代，科学家在网络里发现小世界（Small World）现象，提出无标度（Scale Free）概念，自此复杂网络理论作为研究复杂系统与复杂性科学的有力工具得到快速发展。纵观现实世界，复杂网络非常普遍，如移动互联网、社交网络、物联网、智能电网、交通网络、航空网络等，这些都是日常生活中典型的复杂网络[1-3]。所以，如何适应并发展信息时代的复杂网络研究将是当前面临的一个挑战性难题。

在复杂网络里，每个节点代表系统中的个体，两个节点的边表示个体彼此的通信关系，而节点的动力学描述了个体的运动特性。若干具有普通感知能力的个体利用交互通信会表现出复杂的群集特性，将这类复杂网络视为多智能体系统。在大自然里，多智能体系统可以是生态圈、新陈代谢系统；在社会中，多智能体系统可以是社交圈、经济网络等；在工程中，多智能体系统可以是电力系统、通信网络。在过去的十几年，随着系统嵌入式技术和人工智能的发展以及复杂网络理论的深入研究，多智能体系统的话题引起了当前神经学、通信工程、运筹学与控制论等背景科学家的关注，成为复杂网络的重点。一方面是多智能体系统展现出来的广泛应用，如智能交通控制系统[4, 5]、未来的自治性战争系统[6, 7]、卫星系统[8, 9]等。另一方面，多智能体系统具备更好的生存、执行能力，决策准则利益最大化和灵活性更高等优越性。此外，物以类聚，人以群分。丰富多彩的自然界中往往也呈现出有趣的自组织现象，如鱼类群游、雁类迁徙、蚂蚁觅食等。专家学者探究自然界中这些行为的工作机制，试图为工程应用给予关键的理论指导，因此在国内外掀起了一股研究多智能体系统的协调控制的热潮。

具体而言，多智能体系统的协调控制（Coordinated Control）是指几个智能体以彼此协作方式来完成复杂有序的任务，是常见的分布式系统。这意味着一组复杂智能体网络中每个智能体以分布式的方式来感知、信息交换、计算和控制，从而完成一个全局的控制目标。此方式的一个优势在于系统具有更出色的可扩展性，若智能体的数量增加，不用增加额外的传感、通信以及控制复杂度，原先的全局控制目标依然能实现。另一个优势是具有更好的鲁棒性，多智能体系统中出现个体的加入或离去时，在分布式的控制算法作用下整体仍能继续工作，全局控制目标仍不受影响。多智能体系统的分布式协调控制因其在海洋探索、陆地探索和太空探索都有广泛的应用一直是诸多学科研究者关注的焦点，如地面无人车[10, 11]、空中无人机编队[12, 13]、海上无人艇[14, 15]等。可以看出，多智能体系统理论具有广阔的应用前景，研究其分布式协调控制不仅能造福人类社会，而且可以推动现代科学水平的发展。然而，在工程应用中扰动是不可避免的，研究分布式协调抗扰动控制也显得越有价值，其旨在设计个体的抗扰动控制来完成群体的抗扰动工作。因此，多智能体系统分布式协调控制的研究不仅为探究复杂网络提供重要的理论指导，而且具有许多的工程应用背景和重大的实际意义。

1.2　多智能体系统的研究现状

通过对多智能体系统与网络化控制系统的研究背景及意义的介绍和分析，可以看出多智能体系统与网络化控制系统的相关问题是目前控制领域的重要研究课题，其在理论研究与实际应用等方面都取得了丰硕的研究成果。下面从多智能体系统的协调控制和网络化控制系统的性能极限与设计两条主线出发，系统梳理本书涉及的相关热点问题的研究现状与进展。

最近几十年，由于传感器越来越灵敏与微型化、网络技术越来越智能与信息化，多智能体系统的研究已经引起了运筹学与控制论、控制科学与工程等方面的专家学者的广泛关注与研究热情。与传统意义上的个体相比，多智能体系统的主要特点体现在以下几个方面。

（1）功能性更强大。分布式协同控制使得智能体即使在不确定性动态环境下也能通过间接的通信方式进行智能体间的协作，显著地拓展智能体的任务执行能力，提高了系统的可扩展性，完成很多单个体难以实现的复杂任务。

（2）鲁棒性更好。由于所有智能体协同控制，即使部分智能体的控制失效，其他智能体会自行组织重新建立通信通道，整体协同控制性能依旧能有所保障，全局控制目标丝毫不受影响，这样极大地增强了系统面对恶劣环境的应急处理能力。

（3）性价比更高。组成系统的单个智能体内部结构普遍相对简单，这样可以大幅度地降低整个系统的设计步骤与设计难度，更容易制造和安装维护，所以价格也相对较低，有较好的经济效益，适用范围也更广，实际应用性价比也更高。

1.2.1 一致性

在 20 世纪 70 年代早期，就有学者从管理学和统计学的角度来考虑一致性问题。DeGroot[16]在 1974 年第一次应用一致性的思想去解决多个传感器网络中的信息融合问题。随着计算机技术的发展，Reynolds[17]在 1987 年通过利用计算机对鱼群、鸟群等群体行为的深入研究，提出了一个群体运动的 Boid 模型及其应满足的三条规则（聚集、分离和速度匹配）。在 Boid 模型的基础之上，Vicsek 等[18]在 1995 年通过利用一个典型的粒子模型来描述粒子群在同一平面上出现一致性行为的现象，并且利用此模型研究自然现象中的鸟群速度匹配的问题。随后，Watts 等[19]的小世界网络模型和 Albert 等[20]的无标度网络模型的出现，极大地促进了控制科学这一领域的空前发展。自此以后，多智能体系统的一致性问题的研究吸引了大量科学研究者的广泛关注，其相关研究也取得了快速的发展，在多智能体系统的一致性理论研究中主要采用的方法有代数图论法、Lyapunov 稳定性理论法、矩阵不等式法、微分包含法等。接下来，综合已有的文献，主要从多智能体系统的分组一致性和二部一致性进行详细的介绍。

1.2.2 分组一致性

随着信息技术的高速发展，现代化社会对智能体的功能要求也越来越严格。为了保证多智能体系统在执行复杂任务时的可靠性和应对执行过程中的未知变化，系统内部的每个智能体拥有可以通过感知外界的变化并及时做出应对策略的能力。随着这类问题的出现，单一的智能体系统已经没有办法满足。因此，将多个单一的智能体系统进行信息连接使得形成由多个子系统网络看成一个多智能体系统的问题便成为研究热点，即分组一致性问题。分组一致性问题的实质是指在整个多智能体系统中可以存在多个子系统并且子系统内部的各个智能体之间是合作的关系，子系统与子系统之间也可以存在信息交互。组一致是指每一组的智能体的状态需要达到一个共同的期望值但不同组的期望值各不相同，互不影响。

进入 21 世纪，Yu 等[21]首次提出了分组一致性问题，其中主要介绍了基于无向通信拓扑的一阶多智能体系统的分组一致性问题。紧接着，该文献作者将其从无向通信拓扑延伸到有向图的情况，并且利用代数图论等方法解决了分组一致性等问题。在 Yu 等的开创性研究下，一系列相关研究迅速展开。例如，从简单的一阶系统升级为二阶系统、从渐近分组一致扩展到固定时间分组一致、从固定拓扑到切换拓扑等一系列的研究成果层出不穷[22-24]。

1.2.3　二部一致性

多智能体系统的二部一致性是指多个智能体之间的通信连通的加权值不仅存在正值也存在负值，随着时间的演化，邻居之间的正向加权群体与负向加权群体收敛到模值相同但符号相反的期望值。其实二部一致性也可以称为另一种特殊的一致性，也称为符号网络上的一致性。在符号图的描述下研究系统一致性的问题已经成为一个热点话题。为了解决含有对抗信息的网络系统的一致性问题，Altafini[25]在 2012 年第一次提出了一种运行于符号网络上的二部一致性算法，基于通信拓扑符号图的强连通性和结构平衡的条件，通过利用系统变换来实现多智能体系统的全局稳定性，证明了二部一致性与符号网络的结构平衡有着密切的关联。自此以后，大量的有关二部一致性的相关研究引起众多学者的广泛关注。

近几年来，大量的二部一致性的相关学术成果层出不穷[26-28]。另外，Zhang 等[29]基于带有符号图的多智能体系统的群集行为在社会网络、捕食与被捕食动态等各种场景中的应用，研究了有向符号图的一般线性多智能体系统的二部一致性问题。首先证明了对于一般的线性智能体和带有符号图的二部一致性与非负图上的一般一致是等价的。其次，诠释了非负图的普遍一致控制协议可以用来解决二部一致性问题并且通过利用已有的里卡蒂方程的合作跟踪控制协议可以处理一般线性系统的二部一致性问题。Wen 等[30]提出并分析了一种基于相邻智能体相对状态信息的分布式非光滑协议，通过利用 Lyapunov 稳定性理论和图论等工具解决了线性多智能体系统基于单个领导者下的分布式二部一致性问题。并且在为了不涉及全局信息的情况下提供了有效的一致性准则，进一步构造并讨论了一些具有自适应控制参数的完全分布式协议。由于在实际应用的过程中，并非所有的跟随者系统都能直接获取领导者的信息，所以要实现智能体状态的一致性是不现实的。因此，输出一致性的研究应运而生。Zhang 等[31]提出了一种基于异构多智能体的分布式固定时间二部观测器，其中整个系统的跟随者可以观测到这个领导者的状态，并且敌对信息的存在使得观测值与领导者的状态值互为相反数。该研究解决了线性系统下的异构多智能体系统的固定时间二部输出一致性问题。

1.3 多智能体系统的协同控制研究现状

分布式协同控制是目前研究多智能体系统主要关注的问题。对于大规模的多智能体系统而言，如果其中一个智能体发生故障，可能会造成整个系统的崩溃。但是在分布式协同控制模式中，若个体出现故障，仅与之有直接通信交流的智能体会受到一定的干扰，其他的智能体则不会被波及。因此，分布式协同控制在实际生活中有着广泛的应用，如无人机编队控制、水下航行器控制、传感器网络等。而在多智能体系统的分布式研究过程中的一致性问题（Consensus Problem）又是一个关键同时也是最基本的问题，其目的在于设计一个合适的控制器协议使得所有的个体可以实现一个共同的目标。有关一致性的相关研究最早出现在 1960 年的管理科学和统计学领域当中。随后，研究学者将控制领域的一致性应用于设计控制算法中，产生了大量的研究成果。

在多智能体系统一致性问题的探索过程中，收敛速度在衡量控制算法设计的优劣中扮演着一种重要的角色，也是评价控制器的一个重要性能指标。早期的多智能体系统一致性研究的文献中大多数考虑的控制器算法只能实现渐近一致性，也就是说所有智能体的状态最终到达平衡点的时间趋近于无穷大。这种现象在实际应用中存在很大的局限性。人们为了更好地应用一致性控制算法，有限时间一致性控制协议被提出。有限时间一致性是指系统中所有智能体的状态能够在有限时间内到达平衡点，其优点主要有加快系统的收敛速度、加强系统抗干扰能力、提高系统的控制精度等。近年来，多智能体系统有限时间一致性控制算法得到了快速发展，产出了大量的研究成果。但是，有限时间一致性算法也有着自身的局限性，即有限时间一致性算法的收敛时间不能准确预估并且收敛时间的上界与智能体状态的初始值成正相关。考虑到在有些系统状态未知的状况下需要设计观测，这样系统状态的初始值不可测或者误差过大，那么预测的收敛时间常数便没有了参考价值。为了解决这类问题，设计一个固定时间一致性算法便被推向研究热潮。固定时间一致性算法是有限时间一致性算法的延伸和强化，解决了系统到达平衡点的预估时间与系统状态初始值无关，仅与控制算法的系统参数相关的问题。

在现实生活中，包含控制不仅节省了能量的损耗，还有效地提高了工作效率。包含控制都以假设智能体间的相互关系是合作的为基础。但是，在现实网络中，智能体之间既可以合作也可以竞争。因此，用符号图表示它们之间的联系，即邻接矩阵的正元素表示合作关系，负元素表示对抗关系。这就是与之前研究最大的不同之处。由于通信拓扑的改变，它将包含控制拓展到了双边包含控制。在实际应用中，多机器人护航运动就是双边包含控制应用的一个典型例子。一部分探测能力强的机器人（看作领导者）组成一个凸包，从而另一部分与领导者合作的机器人（看作跟随者）进入该凸包内，与领导者竞争的机器人（看作跟随者）进入该相反凸包内，它们随着凸包的运动通过危险区域到达目的地。目前关于双边包含控制的研究屈指可数。

2017 年，Meng[32]首次针对带权重符号图并且符号图强连通的多智能体系统，在多个领导者可以发生交互动态变化的条件下，定义了双边包含控制的概念，提出了一种分布式双边包含控制协议，根据渐近稳定性理论和拉普拉斯矩阵理论，得到了系统收敛时的约束条件，研究表明双边包含控制问题是包含控制问题在符号通信拓扑下的推广。

2018 年，Zuo 等[33]针对在合作-竞争沟通拓扑下的一般线性异构系统，在状态信息是否可得以及静态与否等情况下，分别构造了三种控制协议，设计了相应的反馈增益（使闭环系统矩阵稳定）和前馈增益（使闭环系统的轨迹进入标准符号输出包含误差为零的空间内），结果表明多智能体系统在相应的控制算法下皆可以实现双边包含控制。考虑到现实生活中智能体不仅有位置信息，还有速度、加速度信息，因此关于高阶多智能体系统的研究具有重要意义。Wen 等[34]设计了基于自适应理论的完全分布式算法，即控制协议中的参数选择不受拓扑图形式的影响，使得跟随者在时不变的固定拓扑下最终进入由领导者组成的凸包及其对称凸包内。

2019 年，Zhou 等[35]针对有向图上带输入量化的非线性多智能体系统的双边包含控制问题，通过反演技术和输入量化的非线性分解方法，设计了基于模糊观测器的事件触发控制器。Meng 等[36]针对合作-竞争时变拓扑下的高阶多智能体系统，通过设计新的模型转换使原系统等价地转化为时变增广系统，特别是行随机矩阵的非负矩阵用来分析时变增广系统的收敛性，最后给出了完全依赖拓扑结构的充分条件以实现多智能体系统的双边包含控制。

2020 年，Zhu 等[37]针对有向图下含多个动态领导者的线性奇异多智能体系统，其中每个领导者可以随相邻领导者的变化而变化，根据符号图下的拉普拉斯矩阵的一些性质，利用不同的输出信息提出了三种基于分布式观测器的双边包容协议，构建了相应协议的多步算法，使得双边包含控制在弱连通的符号图下以任意初始状态都可以成立。即无论沟通拓扑符号对称或者不对称，结构平衡或者不平衡，此结果都对任意弱连通符号图成立。Han 等[38]针对一类广义多智能体系统，在设计奇异观测器的基础上，根据相对输出信息，提出了一种全新的双边包容控制协议使系统实现稳定。

1.4　本书的主要内容

本书介绍国内外学者近年来研究多智能体系统性能分析方面的成果。本书的内容共分 11 章进行论述。

第 1 章绪论。简要地介绍多智能体系统的研究背景和意义，阐述多智能体系统性能的国内外研究现状，并概述本书的主要研究内容。

第 2 章介绍本书中用到的一些基本概念和基础数学知识，为后续章节奠定基础。

第 3 章介绍非线性多智能体系统的分布式固定时间跟踪控制问题。内容包括：基于牵制控制方法，研究固定时间的智能体跟踪控制问题；讨论基于利普希茨非线性多智能体系统达到二部跟踪控制时所需要满足的充分条件。

第 4 章介绍非线性输入饱和及不饱和下的二阶多智能体系统的控制问题。内容包括：固定通信拓扑情况下的分布式异构系统；推导非线性领导者-跟随多智能体系统完成平均一致性的充分条件。

第 5 章介绍在扰动观测器下，利用利普希茨条件旨在达到非线性受扰多智能体系统的二部一致性。通过扰动观测器很好地跟踪观测扰动信号，推导出在只有部分智能体可以接收参考模型的信号时，该二阶领导者-跟随者系统满足二部一致性时的条件。

第 6 章介绍一种通过事件触发机制解决多智能体系统的固定时间二部一致性问题的算法。基于固定时间稳定性理论和 Lyapunov 稳定性理论，得出结论，设定时间仅受控制器参数和通信拓扑的影响。

第 7 章基于智能体之间的通信带宽的影响来对邻居之间的信息通信进行有规则的理想化（对数量化），提出了基于量化的固定时间输出一致性协议。通过利用 Lyapunov 稳定性理论、矩阵不等式和图论等基本知识，解决了带有竞争关系的多智能体系统的固定时间输出一致性问题。

第 8 章介绍含有干扰的多智能体系统，在干扰由非线性外部系统产生的条件下，基于动态增益技术和干扰观测器对系统进行扰动补偿，设计了基于反馈控制的双边包含控制算法，通过求解矩阵不等式，在一定条件下可以实现系统稳定。

第 9 章介绍在合作-竞争通信拓扑下含外部干扰的多智能体系统，分别设计了在状态反馈与输出反馈形式下的双边包含控制算法，采用干扰观测器以主动观测系统干扰，根据矩阵理论推导出系统达到渐近双边包含控制的条件。

第 10 章介绍含有界干扰的一阶和二阶多智能体系统，分别设计了相应的固定时间控制协议，根据范数不等式和稳定性理论，可得系统达到双边包含控制的充分条件，并且预测出独立于初始状态的系统收敛时间。

第 11 章介绍基于自适应状态反馈和输出反馈，对奇异多智能体系统的双边包含问题进行了研究，所有跟随者将进入由领导者的轨迹以及其符号相反轨迹围成的凸包内。通过动态补偿器和输出调节技巧，所提出的自适应反馈协议可以实现双边包含。

参考文献

[1] 汪小帆，李翔，陈关荣. 复杂网络理论及其应用[M]. 北京：清华大学出版社，2006.

[2] 彭艳，葛磊，李小毛，等. 无人水面艇研究现状与发展趋势[J]. 上海大学学报（自然科学版），2019，（5）：2.

[3] 韩涛. 多智能体系统的编队与包含控制问题研究[D]. 武汉：华中科技大学，2017.

[4] 承向军，杨肇夏. 基于多智能体技术的城市交通控制系统的探讨[J]. 北京交通大学学报，2002，26（5）：47-50.

[5] 俞峥，李建勇. 多智能体在交通控制系统中的应用[J]. 交通运输工程学报，2001，1（1）：55-57.

[6] 步雨浓，袁健全，池庆玺. 智能协同干扰技术作战应用分析[J]. 战术导弹技术，2019，（5）：71-76.

[7] Han T，Chi M，Guan Z H，et al. Distributed three-dimensional formation containment control of multiple unmanned aerial vehicle systems[J]. Asian Journal of Control，2017，4（19）：1-11.

[8] Borio D，Cano E. Optimal global navigation satellite system pulse blanking in the presence of signal quantisation[J]. IET Signal Processing，2013，7（5）：400-410.

[9] Jung W，Mazzoleni A P，Chung J. Dynamic analysis of a tethered satellite system with a moving mass[J]. Nonlinear Dynamics，2014，75（1）：267-281.

[10] Ren W，Beard R W，Atkins E M. Information consensus in multivehicle cooperative control[J]. IEEE Control Systems Magazine，2007，27（2）：71-82.

[11] Keviczky T，Borrelli F，Fregene K，et al. Decentralized receding horizon control and coordination of autonomous vehicle formations[J]. IEEE Transactions on Control Systems Technology，2008，16（1）：19-33.

[12] Liao F，Teo R，Wang J L，et al. Distributed formation and reconfiguration control of VTOL UAV[J]. IEEE Transactions on Control Systems Technology，2016，25（1）：270-277.

[13] Hung S M，Givigi S N. A q-learning approach to flocking with UAVs in a stochastic environment[J]. IEEE Transactions on Cybernetics，2017，47（1）：186-197.

[14] Wang Y L，Han Q L. Network-based fault detection filter and controller coordinated design for unmanned surface vehicles in network environments[J]. IEEE Transactions on Industrial Informatics，2016，12（5）：1753-1765.

[15] Newman M E J. The structure and function of complex networks[J]. SIAM Review，2003，45（2）：167-256.

[16] DeGroot M H. Reaching a consensus[J]. Journal of the American Statistical Association，1974，69（345）：118-121.

[17] Reynolds C W. Flocks，herds and schools：A distributed behavioral model[J]. Computer Graphics，1987，21（4）：25-34.

[18] Vicsek T，Czirok A，Ben-Jacob E. Novel type of phase transaction in a system of self-driven particles[J]. Physics Review Letters，1995，75：1226-1229.

[19] Watts D J，Strogatz S H. Collective dynamics of 'small-word' networks[J]. Nature，1988，393（6684）：440-442.

[20] Barabasi A L，Albert R. Emergence of scaling in random networks[J]. Science，1999，286（5439）：509-512.

[21] Yu J Y，Wang L. Group consensus in multi-agent systems with switching topologies and communication delays[J].

Systems and Control Letters，2010，59（6）：340-348.

[22] Yu J Y，Wang L. Group consensus of multi-agent systems with directed information exchange[J]. International Journal of Systems Science，2012，43（2）：334-348.

[23] Xu C J，Zheng Y，Su H S，et al. Cluster consensus for second-order mobile multi-agent systems via distributed adaptive pinning control under directed topology [J]. Nonlinear Dynamics，2015，83（4）：1975-1985.

[24] Shang Y L，Ye Y M. Leader-follower fixed-time group consensus control of multi-agent systems under directed topology[J]. Complexity，2017，Article ID 3465076.

[25] Altafini C. Consensus problems on networks with antagonistic interactions[J]. IEEE Transactions on Automatic Control，2012，58（4）：935-946.

[26] Zhu Y，Li S，Ma J，et al. Bipartite consensus in networks of agents with antagonistic interactions and quantization[J]. IEEE Transactions on Circuits and Systems II：Express Briefs，2018，65（12）：2012-2016.

[27] Hu J，Zhu H. Adaptive bipartite consensus on coopetition networks[J]. Physica D：Nonlinear Phenomena，2015，307：14-21.

[28] Ding T F，Ge M F，Xiong C H，et al. Bipartite consensus for networked robotic systems with quantized-data interactions[J]. Information Sciences，2020，511：229-242.

[29] Zhang H W，Chen J. Bipartite consensus of general linear multi-agent systems[C]. 2014 American Control Conference，2014.

[30] Wen G，Wang H，Yu X，et al. Bipartite tracking consensus of linear multi-agent systems with a dynamic leader[J]. IEEE Transactions on Circuits and Systems II：Express Briefs，2017，65（9）：1204-1208.

[31] Zhang H G，Duan J，Wang Y，et al. Bipartite fixed-time output consensus of heterogeneous linear multi-agent systems[J]. IEEE Transactions on Cybernetics，2021，51（2）：548-557.

[32] Meng D. Bipartite containment tracking of signed networks[J]. Automatic，2017，79：282-289.

[33] Shan Z，Song Y，Frank L L，et al. Bipartite output containment of general linear heterogeneous multi-agent systems on signed digraphs[J]. IET Control Theory and Application，2018，12（9）：1180-1188.

[34] Wen G H，Wan Y，Wang W，et al. Adaptive bipartite containment of multi-Agent systems with directed topology and multiple high-dimensional leaders[C]. 2018 IEEE 14th International Conference on Control and Automation（ICCA），Alaska，2018：606-611.

[35] Zhou Q，Wang W，Liang H J，et al. Observer-based event-triggered fuzzy adaptive bipartite containment control of multi-agent systems with input quantization[J]. IEEE Transactions on Fuzzy Systems，2019，29（2）：372-384.

[36] Meng X，Gao H. High-order bipartite containment control in multiagent systems over time-varying cooperation-competition networks[J]. Neurocomputing，2019，359：509-516.

[37] Zhu Z H，Hu B，Guan Z H，et al. Observer-based bipartite containment control for singular multi-agent systems over signed digraphs[J]. IEEE Transactions on Circuits and Systems-I：Regular Papers，2020，68（1）：444-457.

[38] Han T，Xiao B，Zhan X S，et al. Bipartite containment of descriptor multi-agent systems via an observer-based approach[J]. IET Control Theory and Applications，2020，14（19）：3047-3051.

第 2 章　基本概念与知识

本章介绍后续章节证明所需的基本概念和相关结论，内容包括：代数图论的基本概念和性质；稳定性的基本概念和结论；其他相关概念和结论。

2.1　代数图论的基本概念和性质

假设智能体之间的通信拓扑由 $\mathcal{G}=\{\mathcal{V},\mathcal{E},\mathcal{A}\}$ 来表示，其中 $\mathcal{V}=\{1,\cdots,N\}$，$\mathcal{E}\subset\mathcal{V}\times\mathcal{V}$ 与 $\mathcal{A}=[a_{ij}]\in\mathbb{R}^{N\times N}$ 分别表示节点集合、边集与权重矩阵。对于节点 i 和 j，用 $e_{ij}=(j,i)$ 表示一条从节点 j 到节点 i 的边，即节点 j 的信息资源可以传递到节点 i，而 $e_{ji}=(i,j)$ 表示一条从节点 i 到节点 j 的边。若对任意 i,j，均有 $e_{ij}\in\mathcal{E}\Leftrightarrow e_{ji}\in\mathcal{E}$，则智能体之间的通信是相互的，称 $\mathcal{G}$ 为无向图，否则为有向图。权重矩阵 $\mathcal{A}$ 中的元素满足 $a_{ij}\neq 0$ 当且仅当 $e_{ij}\in\varepsilon$，且 a_{ij} 的取值可正可负。如果对任意 i,j，均有 $a_{ij}\geqslant 0$，则称图 $\mathcal{G}$ 为非负图，若 a_{ij} 有正值也有负值，则称图 $\mathcal{G}$ 为符号图。节点 i 的邻居集合可以表示为 $\mathcal{N}=\{j\in\mathcal{V}|(j,i)\in\varepsilon\}$。通常假设图 $\mathcal{G}$ 中没有自环，即对于所有 $i\in\mathcal{V}$，$a_{ii}=0$ 都成立。若至少存在一个节点（称为根节点）到其他节点有一条有向的路径，则称该有向图 $\mathcal{G}$ 包含有向生成树。另外，度矩阵 $\mathcal{D}=\mathrm{diag}(\deg(1),\deg(2),\cdots,\deg(N))$ 是一个对角矩阵，其对角元素满足 $\deg(i)=\sum_{j=1}^{N}|a_{ij}|$，那么定义符号图 $\mathcal{G}$ 的拉普拉斯矩阵为 $\mathcal{L}=[l_{ij}]_{N\times N}=\mathrm{diag}\left(\sum_{j=1}^{N}|a_{1j}|,\cdots,\sum_{j=1}^{N}|a_{Nj}|\right)-\mathcal{A}$，其中 $l_{ij}=\sum_{k=1,k\neq i}^{N}|a_{ik}|$，$j=i$；$l_{ij}=-a_{ij}$，$j\neq i$。

考虑领导者-跟随者多智能体系统由 N 个跟随者与一个领导者构成，标号码 $1,\cdots,N$ 为跟随者，号码 0 是领导者。令图 $\bar{\mathcal{G}}=\{\bar{\mathcal{V}},\bar{\mathcal{E}}\}$ 表示跟随者和领导者间的通信拓扑，其中 $\bar{\mathcal{V}}=\bar{\mathcal{V}}\cup\{0\}$，$\bar{\mathcal{E}}=\bar{\mathcal{V}}\times\bar{\mathcal{V}}$。

接下来介绍一些重要的定义和引理，对后面的分析和证明有帮助。

定义 2.1　对于符号图 $\mathcal{G}$，多智能体系统分成两个集合 $\mathcal{V}_1$ 和 $\mathcal{V}_2$，有 $\mathcal{V}_1\cup\mathcal{V}_2=\mathcal{V}$，$\mathcal{V}_1\cap\mathcal{V}_2=\varnothing$，且满足以下要求：

（1）若 $\forall v_i,v_j\in\mathcal{V}_q(q\in\{1,2\})$，则所有权重 $a_{ij}\geqslant 0$。

（2）若 $\forall v_i \in \mathcal{V}_q, v_j \in \mathcal{V}_r, q \neq r(q,r \in \{1,2\})$，则所有权重 $a_{ij} \leqslant 0$。

则称该符号图结构平衡；否则称该符号图结构不平衡。

定义 2.2[1]　若符号图 $\mathcal{G}$ 结构平衡，那么存在对角矩阵 $D = \text{diag}(d_1, d_2, \cdots, d_N)$ 使得 DAD 中每个元素都是非负的。此外，D 提供了一个集合划分，即 $\mathcal{V}_1 = \{i \mid d_i > 0\}$ 和 $\mathcal{V}_2 = \{i \mid d_i < 0\}$。

引理 2.1[2]　在权重图 $\mathcal{G}$ 中，$\mathcal{L}$ 是与之对应的拉普拉斯矩阵，那么有以下性质成立：

（1）对于任意的 $\omega = [\omega_1, \omega_2, \cdots, \omega_n]^{\mathrm{T}} \in \mathbb{R}^n$，有

$$\omega^{\mathrm{T}} \omega = \frac{1}{2} \sum_{i=1}^{N} \sum_{j=1}^{N} (\omega_j - \omega_i)^2$$

（2）$\lambda_2(\mathcal{L})$ 称为无向图 $\mathcal{G}$ 的代数连通度，并且满足

$$\lambda_2(\mathcal{L}) = \min_{\omega \neq 0, 1^{\mathrm{T}} \omega = 0} \frac{\omega^{\mathrm{T}} \mathcal{L} \omega}{\omega^{\mathrm{T}} \omega}$$

因此，如果 $1^{\mathrm{T}} \omega = 0$ 成立则表明 $\omega^{\mathrm{T}} \mathcal{L} \omega \geqslant \lambda_2(\mathcal{L}) \omega^{\mathrm{T}} \omega$。

引理 2.2[3]　考虑一个连通符号图 $\mathcal{G}$，假设 $\lambda_k(\mathcal{L}), k \in N$ 是拉普拉斯矩阵 $\mathcal{L}$ 的第 k 个特征值。如果 $\mathcal{G}$ 是结构平衡的，那么 $0 = \lambda_1(\mathcal{L}) < \lambda_2(\mathcal{L}) \leqslant \cdots \leqslant \lambda_N(\mathcal{L})$。

引理 2.3[4]　令 $x \in \mathbb{R}^N, q > p > 0$，则 $\|\cdot\|_q \leqslant \|\cdot\|_p \leqslant N^{\frac{1}{p} - \frac{1}{q}} \|\cdot\|_q$。

2.2　稳定性的基本概念和结论

本节主要介绍稳定性的基本概念和结论，主要包括渐近稳定性、有限时间稳定性、固定时间稳定性的定义、相关引理及结论。

不失一般性，考虑如下形式的系统：

$$\dot{x} = f(x) \tag{2.1}$$

其中，$x \in \mathbb{R}^n$，$f(x)$ 为连续函数，且对于所有的 $t \in [0, \infty)$，有 $f(0) = 0$，即状态空间的原点 $x = 0$ 为系统（2.1）的孤立平衡点。

2.2.1　渐近稳定性

渐近稳定性的定义、判定及相关结论在经典的线性系统理论教材里面已经很深入详细地列出了。此处，只给出通用的一种渐近稳定性定义，如果需要更多的相关知识，请参阅文献[5]和[6]。

定义 2.3[5]（Lyapunov 意义下的稳定性）　如果对任意给定的 $t_0 \geqslant 0$，以及任

意的 $\varepsilon > 0$，总存在 $\delta(\varepsilon, t_0) > 0$，使得当任意 x_0 满足 $\|x_0\| \leqslant \delta$ 时，系统（2.1）由初始条件 $x(t_0) = x(0)$ 确定的解 $x(t)$ 均有 $\|x(t)\| \leqslant \varepsilon$，$\forall t \geqslant t_0$，则称系统（2.1）的平衡点 $x = 0$ 是稳定的。

定义 2.4[6]（渐近稳定性）　如果系统（2.1）的平衡点 $x = 0$ 是稳定的且是吸引的，即对所有的 $t_0 \geqslant 0$，存在 $\delta(t_0) > 0$，使得

$$x \leqslant \delta \Rightarrow \lim_{t \to +\infty} x(t) = 0$$

则称平衡点 $x = 0$ 为渐近稳定的。

定理 2.1[6]　对连续时间线性时不变系统（2.1），如果可以构造出对 x 具有一阶偏导数的一个标量函数 $V(x)$，$V(0) = 0$，且对状态空间 $\mathbb{R}^n$ 中的所有非零状态点满足如下条件：

（1）$V(x)$ 是正定的；

（2）$\dot{V}(x)$ 是负定的；

（3）当 $\|x\| \to \infty$ 时，有 $\|V(x)\| \to \infty$；

则系统（2.1）的原点平衡状态 $x = 0$ 是大范围渐近稳定的。

2.2.2　有限时间稳定性

2.2.1 节中渐近稳定结果能够保证系统在无穷时间里实现稳定，但在工程实践应用中无穷时间稳定性的意义不大。因此，本部分介绍有限时间稳定性的相关结果。

定义 2.5[7]（有限时间稳定性）　针对任意的初始条件，如果系统（2.1）是渐近稳定的，存在一个有限的时间 T_0，使得 $\lim_{t \to T_0} x(t) = 0$，并且对于所有的 $t \geqslant T_0$，都有 $x(t) = 0$，则称系统（2.1）是有限时间稳定的。

定理 2.2[7, 8]　对连续时间线性时不变系统（2.1），如果可以构造出对 x 具有一阶偏导数的一个标量函数 $V(x)$，$V(0) = 0$，且对状态空间 $\mathbb{R}^n$ 中的所有非零状态点满足如下条件：

（1）$V(x)$ 是正定的；

（2）存在正实数 $c > 0$ 和 $\alpha \in (0,1)$，以及一个包含原点的开邻域，使得下列条件成立：

$$\dot{V}(x) + cV^{\alpha}(x) \leqslant 0$$

则系统（2.1）为有限时间稳定的。

接下来，介绍齐次系统有限时间稳定性的相关知识。

定义 2.6[9]　假设 $V(x)$ 为关于 x 的标量函数，$x \in \mathbb{R}^n$，如果对于任意的 $\varepsilon > 0$，

都存在$\sigma > 0$和$(r_1, r_2, \cdots, r_n) \in \mathbb{R}^n$，使得$V(\varepsilon^{r_1} x_1, \varepsilon^{r_2} x_2, \cdots, \varepsilon^{r_n} x_n) = \varepsilon^{\sigma} V(x)$，$r_i > 0$，则称$V(x)$是齐次的，且关于$(r_1, r_2, \cdots, r_n)$具有齐次度$\sigma$。

定义 2.7[9]　连续向量场$f(x) = [f_1(x), f_2(x), \cdots, f_k(x)]^{\mathrm{T}}$称为相对于扩张系数$(r_1, r_2, \cdots, r_k) \in \mathbb{R}^k$具有齐次自由度$\lambda \in \mathbb{R}$的齐次向量场，是指对于$\varepsilon > 0$，使得

$$f_i(\varepsilon^{r_1} x_1, \varepsilon^{r_2} x_2, \cdots, \varepsilon^{r_k} x_k) = \varepsilon^{\lambda + r_i} f_i(x)$$

其中，$i = 1, 2, \cdots, k$。

定义 2.8[9]　如果$f(x)$是齐次向量场，则称系统（2.1）为齐次系统。

定理 2.3　若系统（2.1）为关于扩张系数$(r_1, r_2, \cdots, r_k) \in \mathbb{R}^k$具有齐次自由度$\lambda \in \mathbb{R}$的齐次系统，且$x = 0$是系统的渐近稳定平衡点。那么当齐次自由度$\lambda < 0$时，系统（2.1）的平衡点$x = 0$有限时间稳定。

定理 2.4　考虑系统：

$$\dot{x} = f(x) + \tilde{f}(x) \tag{2.2}$$

其中，$\tilde{f}(0) = 0$，$f(0) = 0$，$x(t_0) = x_0$，$x \in \mathbb{R}^k$。假设系统$\dot{x} = f(x)$为关于扩张系数$(r_1, r_2, \cdots, r_k) \in \mathbb{R}^k$具有齐次自由度$\lambda < 0$的齐次系统，且$x = 0$是系统$\dot{x} = f(x)$的渐近稳定平衡点。那么如果

$$\lim_{\varepsilon \to 0} \frac{\tilde{f}_i(\varepsilon^{r_1} x_1, \varepsilon^{r_2} x_2, \cdots, \varepsilon^{r_k} x_k)}{\varepsilon^{\lambda + r_i}} = 0, \quad i = 1, 2, \cdots, k$$

对于$x \in \{x \in \mathbb{R}^k \mid \|x\| \leqslant \delta\}$，$\delta > 0$一致地成立，则系统（2.2）的平衡点$x = 0$局部有限时间稳定。

2.2.3　固定时间稳定性

有限时间稳定性有很多优点，但是存在一个明显的不足，那就是收敛时间依赖于初始状态，如果初始状态与稳定状态差距比较大，则收敛时间比较长，很多时候，初始状态具有不可测性，收敛时间也是变化的。也就是说，收敛时间会随着初始状态的不同而不同。Polyakov[10]和 Andrieu 等[11]提出一种系统状态收敛时间独立于初始值的固定时间稳定控制方法。因此，本小节介绍固定时间稳定性的相关结果。

定义 2.9[10, 11]（固定时间稳定性）　针对任意的初始条件，如果系统（2.1）是有限时间稳定的，且收敛时间T_0是有界的，也就是说，存在一个与初始条件无关的有限时间$T_{\max}$，使得$T(x_0) \leqslant T_{\max}$，$\forall x_0 \in \mathbb{R}^n$，则称系统（2.1）是固定时间稳定的。

定理 2.5[10, 11]　对连续时间线性时不变系统（2.1），如果可以构造出对x具有

一阶偏导数的一个标量函数$V(x)$，$V(0)=0$，且对状态空间$\mathbb{R}^n$中的所有非零状态点满足如下条件：

（1）$V(x)$是正定的；

（2）存在一个包含原点的开领域，使得下列条件成立：

$$\dot{V}(x)\leqslant -(c_1V^p(x)+c_2V^q(x))^k,\quad c_1,c_2,p,q,k>0;pk<1;qk>1$$

则系统（2.1）为固定时间稳定的，且收敛时间T_0满足$T_0\leqslant\dfrac{1}{c_1^k(1-pk)}+\dfrac{1}{c_2^k(qk-1)}$。

定理 2.6[10, 11] 对连续时间线性时不变系统（2.1），如果可以构造出对x具有一阶偏导数的一个标量函数$V(x)$，$V(0)=0$，且对状态空间$\mathbb{R}^n$中的所有非零状态点满足如下条件：

（1）$V(x)$是正定的；

（2）在一个包含原点的开领域，使得下列条件成立：

$$\dot{V}(x)\leqslant -c_1V^p(x)-c_2V^q(x),\quad c_1,c_2>0;p=1-\frac{1}{2\gamma};q=1+\frac{1}{2\gamma};\gamma>1$$

则系统（2.1）为固定时间稳定的，且收敛时间T_0满足$T_0\leqslant\dfrac{\pi\gamma}{\sqrt{c_1c_2}}$。

2.3 其他相关概念和结论

本节将介绍其他稳定性相关的一些概念和结论。鉴于结论的证明在相关参考书中已经详细给出，本节只简述相关结论，略去其具体的证明过程。

引理 2.4 若符号图$\mathcal{G}$结构平衡，那么存在对角矩阵$D=\mathrm{diag}(d_1,d_2,\cdots,d_N)$使得$DAD$中每个元素是非负的。此外，$D$提供了一个集合划分，即$\mathcal{V}_1=\{i\,|\,d_i>0\}$和$\mathcal{V}_2=\{i\,|\,d_i<0\}$。

引理 2.5[12] 如果$\mathcal{G}=(\mathcal{V},\mathcal{E},\mathcal{A})$是一个无向图，那么图$\mathcal{G}$的拉普拉斯矩阵$\mathcal{L}$是一个对称矩阵，且有$n$个实特征值，它们以如下的升序排列：

$$0=\lambda_1(\mathcal{L})\leqslant\lambda_2(\mathcal{L})\leqslant\lambda_3(\mathcal{L})\leqslant\cdots\leqslant\lambda_n(\mathcal{L})=\lambda_{\max}$$

和

$$\min_{x\neq 0,1^{\mathrm{T}}x=0}\frac{x^{\mathrm{T}}\mathcal{L}x}{\|x\|^2}=\lambda_2(\mathcal{L})$$

其中，$\lambda_2(\mathcal{L})$称为图$\mathcal{G}$的代数连通数，$x=[x_1,x_2,\cdots,x_n]^{\mathrm{T}}\in\mathbb{R}^n$满足$x^{\mathrm{T}}x=\dfrac{1}{2}\sum_{i=1}^{N}\sum_{j=1}^{N}(x_j-x_i)^2$。如果图$\mathcal{G}$是连通的，那么$\lambda_2(\mathcal{L})>0$。如果$1^{\mathrm{T}}x=0$成立则表明$x^{\mathrm{T}}\mathcal{L}x\geqslant\lambda_2(\mathcal{L})x^{\mathrm{T}}x$。

引理 2.6[12] 对任意矩阵$A_{11},A_{12},A_{21},A_{22}\in\mathbb{R}^{n\times n}$和分块矩阵：

$$M=\begin{bmatrix} A_{11} & A_{12} \\ A_{21} & A_{22} \end{bmatrix} \in \mathbb{R}^{2n\times 2n}$$

当矩阵 A_{11}, A_{12}, A_{21} 和 A_{22} 两两可交换时，$\det(M)=\det(A_{11}A_{22}-A_{12}A_{21})$。

引理 2.7[12] 对任意矩阵 $A_1 \in \mathbb{R}^{m\times m}$ 和 $A_2 \in \mathbb{R}^{n\times n}$，都有

$$\det(A_1 \otimes A_2)=[\det(A_1)]^n[\det(A_2)]^m$$

引理 2.8[12] 对任意矩阵 $A \in \mathbb{R}^{n\times n}$，都有 $\lim\limits_{k\to\infty} A^k = 0$。

引理 2.9[13]（Young 不等式） 若 a 和 b 是非负实数，p 和 q 是正实数且满足 $\frac{1}{p}+\frac{1}{q}=1$，则有 $ab \leqslant \frac{a^p}{p}+\frac{b^q}{q}$。

引理 2.10[14]（Hölder 不等式） 设 $p>1$，$\frac{1}{p}+\frac{1}{q}=1$。令 $a_1, a_2, \cdots, a_n$ 和 $b_1, b_2, \cdots, b_n$ 是非负实数，那么有 $\sum\limits_{i=1}^{n} a_i b_i \leqslant \left(\sum\limits_{i=1}^{n} a_i^p\right)^{\frac{1}{p}} \left(\sum\limits_{i=1}^{n} b_i^q\right)^{\frac{1}{q}}$。

引理 2.11 假设 $x_i \in \mathbb{R}$ 以及 $0<q\leqslant 1$，则有 $\left(\sum\limits_{i=1}^{n}|x_i|\right)^q \leqslant \sum\limits_{i=1}^{n}|x_i|^q \leqslant n^{1-q}\left(\sum\limits_{i=1}^{n}|x_i|\right)^q$。

引理 2.12[6]（LaSalle 不变原理） 考虑系统 $\dot{x}=f(x)$，$x(t_0)=x_0 \in \mathbb{R}^k$，其中 $f: U \to \mathbb{R}^k$ 为开区间 $U \subset \mathbb{R}^k$ 上的连续函数。设 $g(x(t))$ 为局部利普希茨函数，且满足 $D^+ g(z(t)) \leqslant 0$，其中 D^+ 表示迪尼导数。那么 $\Theta^+(x_0) \cap U$ 为不变集 $S=\{x \in U \mid D^+ g(x)=0\}$ 中的系统解集，其中 $\Theta^+(x_0)$ 为正向的极限集合。

引理 2.13[15, 16]（比较原理） 考虑如下微分方程：

$$\begin{cases} \dot{x}(t)=f(x(t),t) \\ x(t_0)=x_0 \end{cases} \tag{2.3}$$

f 是区域 $G: t\in[t_0,a)$，$|x|<b$，$b>0$ 上的连续函数，$\overline{x}(t)$ 及 $\underline{x}(t)$ 分别是微分方程在区间 $[t_0,a)$ 上满足初始条件的最大解和最小解。设 $\varphi(t)$ 是 $[t_0,a)$ 上的连续函数，满足 $\varphi(t_0)\leqslant x_0$。当 $t\in[t_0,a)$ 时，有

$$\overline{\lim_{h\to 0^+}} \frac{\varphi(t+h)-\varphi(t)}{h} \leqslant f(\varphi(t),t) \quad \left(\text{或} \ \underline{\lim_{h\to 0^+}} \frac{\varphi(t+h)-\varphi(t)}{h} \geqslant f(\varphi(t),t)\right)$$

则

$$\varphi(t) \leqslant \overline{x}(t) \quad (\text{或} \ \varphi(t) \geqslant \underline{x}(t)), \quad t\in[t_0,a)$$

参 考 文 献

[1] Godsil C，Royle G. Algebraic Graph Theory[M]. New York：Springer-Verlag，2001.

[2] Cao Y，Ren W. Multi-vehicle coordination for double-integrator dynamics under fixed undirected/directed interaction in a sampled-data setting[J]. International Journal of Robust and Nonlinear Control，2010，20（9）：

987-1000.

[3] Hu J，Hong Y. Leader-following coordination of multi-agent systems with coupling time delays[J]. Physica A，2007，374（2）：853-863.

[4] Li Z，Ren W，Liu X，et al. Distributed containment control of multi-agent systems with general linear dynamics in the presence of multiple leaders[J]. International Journal of Robust and Nonlinear Control，2013，23（5）：534-547.

[5] 胡跃明. 非线性控制系统理论与应用[M]. 2 版. 北京：国防工业出版社，2005.

[6] 廖晓昕. 稳定性的理论、方法和应用[M]. 2 版. 武汉：华中科技大学出版社，2010.

[7] Bhat S P，Bernstein D S. Finite-time stability of continuous autonomous systems[J]. SIAM Journal on Control and Optimization，2000，38（3）：751-766.

[8] Bhat S P，Bernstein D S. Continuous finite-time stabilization of the translational and rotational double integrators[J]. IEEE Transactions on Automatic Control，1998，43（5）：678-682.

[9] Rosier L. Homogeneous Lyapunov function for homogeneous continuous vector field[J]. Systems & Control Letters，1992，19（6）：467-473.

[10] Polyakov A. Nonlinear feedback design for fixed-time stabilization of linear control systems[J]. IEEE Transactions on Automatic Control，2011，57（8）：2106-2110.

[11] Andrieu V，Praly L，Astolfi A. Homogeneous approximation，recursive observer design，and output feedback[J]. SIAM Journal on Control and Optimization，2008，47（4）：1814-1850.

[12] Olfati-Saber R，Murray R M. Consensus problems in networks of agents with switching topology and time-delays[J]. IEEE Transactions on Automatic Control，2004，49（9）：1520-1533.

[13] Cao Y，Ren W，Li Y. Distributed discrete-time coordinated tracking with a time-varying reference state and limited communication[J]. Automatica，2009，45（5）：1299-1305.

[14] Bernstein D S. Matrix Mathematics：Theory，Facts，and Formulas with Application to Linear Systems Theory[M]. Princeton：Princeton University Press，2005.

[15] 匡继昌. 常用不等式[M]. 3 版. 济南：山东科学技术出版社，2004.

[16] 郭雷，程代展，冯德兴. 控制理论导论：从基本概念到研究前沿[M]. 北京：科学出版社，2005.

第3章 非线性多智能体系统的一致性

3.1 引　　言

近年来，多智能体系统的协调控制凭借其显著的优势吸引了众多学者的关注。多智能体系统的优点主要有自主性强、抗干扰能力强、分布性强等。然而，一致性问题又是协调控制中的一个最基本的问题。但是随着计算机技术的进步，智能体系统执行任务的复杂性也越来越高，不再满足单一任务的完成而是需要多组智能体同时执行不同的任务并且每组智能体之间存在信息的实时交流。即每一组智能体内部在一定的时间内达到一个共同的平衡点，但子组与子组之间到达的平衡位置可以相同也可以不相同。当每一组智能体的平衡位置相同时分组一致性问题便转化成了一般的一致性问题，也就是说分组一致性问题是特殊的一致性问题。多智能体系统的分组一致性理论在多机器人的分组编队控制、无人机系统的包含控制以及传感器网络的分布式重构方面都有着重要的实际应用价值。Qin 等[1]提出了一种无论每一组与每一组之间的智能体的通信耦合强度如何都可以实现分组一致性问题。研究了分布式反馈控制器在定向交互拓扑的一般线性多智能体系统的分组一致性问题。Miao 等[2]通过利用 Lyapunov 函数、LaSalle 不变原理和图论等工具讨论并分析了一阶多智能体系统的有限时间分组一致性问题。其中分别针对离散时间系统和连续时间多智能体系统设计了两组一致性控制协议，并证明了当多智能体系统存在非线性输入约束时系统的分组一致性问题也可以得到解决。与此同时，Xie 等[3]提出了带有通信时滞的二阶多智能体系统的分组一致性问题。首先，通过状态变换方法将多智能体系统的分组一致性问题等效地转化为一个时滞系统的渐近稳定性问题。然后，分别利用 Lyapunov 第一方法和 Hopf 分叉理论，推导出时延的上界进而完成了多智能体系统的分组一致性分析。

同时随着计算机技术和人工智能的发展，控制系统包括网络系统[4-8]和多智能体系统[9-13]的研究引起了生物学、控制科学、计算机科学、人工智能等诸多学科研究者的关注，成为当前的热点问题。在多智能体系统背景下，涌现出智能体聚集一起像一个团体工作的现象，有更好的灵活性和稳定性。这种有趣的现象称为集体行为，例如，同步[14, 15]、一致性[16, 17]、蜂拥[18-21]。其中，一致性指智能体最终达到相同的状态。追踪一致性是一致性的特例，不同点在于一致性有一个领导者。Hong 等[22]解决了速度不可测下，多智能体系统的一致性问题。Zhao 等[23]研究了二阶多智能体系统的有限时间追踪控制。Ge 等[24]提出一种新的事件触发控制方法实现了追踪一致性。然而，上述追踪一致性的结果都是关于合作交互网络。实际上，智能体之间不仅合作还有竞争。这意味着权重既有正的还有负的。用符号图对这种二部一致性框架建模，这与传统一致性不同。二部一致性的目的是保证智能体收敛到数值相同符号相反的值。Qin 等[25]考虑输入饱和下线性多智能体系统的二部一致性问题。Zhao 等[26]研究了二阶多智能体系统有限时间二部一致性。Hu 等[27]解决了竞争网络下多智能体系统的二部一致性问题。到现在为止，关于线性系统的一致性研究有许多。Wen 等[28]解决了存在单个领导者下线性多智能体系统模型的二部一致性问题。Zhang 等[29]提出状态反馈和输出反馈协议实现了线性系统的二部一致性。此外，由于局部稳定性和网络连通性等，一致性协议设计对于非线性系统比线性系统更复杂。Li 等[30]设计分布式自适应协议实现了智能体的一致性。Jameel 等[31]通过输出反馈研究了非线性多智能体系统的一致性问题。

受到以上启发，本章考虑固定时间下的多智能体系统分组一致性和利普希茨动态的多智能体系统的二部一致性问题。其中分析当多智能体系统受到外部干扰时的固定时间系统状态，分别设计线性和非线性控制协议，通过牵制控制的方法推导出满足多智能体系统固定时间分组一致性的充分条件。并且对比相关文献，亮点主要有两个。把现有二部一致性结果推广到实际中有非线性的限制。而且，领导者的控制输入非零且未知。借助里卡蒂方程和 Lyapunov 方法，不需要知道全局信息下基于邻居信息的新的非光滑协议。

3.2 基于固定时间下的多智能体分组一致性

3.2.1 模型建立与问题描述

考虑由 N 个智能体构成的一个非线性多智能体系统，第 i 个智能体的动力学方程表示为

$$\dot{x}_i(t)=f(x_i(t),t)+u_i(t)+d_i(t),\quad i\in V \tag{3.1}$$

其中，$x_i\in\mathbb{R}^m, u_i\in\mathbb{R}^m$ 分别代表智能体 i 的状态和控制输入。非线性函数 $f:\mathbb{R}^m\times\mathbb{R}_+\to\mathbb{R}^m$ 是智能体动态在连续时间 t 的不确定输入，并且假设非线性函数满足局部利普希茨不等式。系统中的 $d_i(t)$ 代表着外部干扰因素的注入，并且满足以下假设。

假设 3.1 如果存在一个常数 $\omega\ (\omega>0)$，当 $t\geqslant 0$ 使得

$$|f(x_i(t),t)-f(x_j(t),t)|\leqslant\omega|x_i(t)-x_j(t)| \tag{3.2}$$

对于所有的 $x_i(t),x_j(t)\in\mathbb{R}$ 都成立。

假设 3.2 对于所有的外部混合干扰，存在一个正定的常数$\overline{d}$，使得对于所有的$i \in V$，$|d_i(t)| \leqslant \overline{d}$都成立。

注释 3.1 应该注意的是，当智能体的数量足够大时，子系统内部和子系统之间的智能体交互是复杂的。在实际应用中，由于障碍物或者恶劣环境等外部干扰因素的存在，智能体经常在拓扑网络中被移除或重新加入，导致智能体之间的信息链经常被破坏。因此，智能体系统的拓扑不是恒定的，节点的邻居集也会发生变化。接下来，引入一种牵制控制来弥补这种由干扰的注入带来的缺陷。

3.2.2 带有牵制作用的固定时间多智能体系统分组一致性

在本小节中，考虑基于外部干扰注入下的固定时间分组一致性问题。本小节主要的目的就是设计一个合适的控制协议算法u_i使得在同一个分组里的智能体在一个可预测的时间内可以实现一致性收敛。也就是说，假设g_k为第k个分组，则当$t \geqslant T_{\max}$时，对于所有的$i, j \in g_k, 1 \leqslant k \leqslant K$都有$x_i(t) = x_j(t)$。

对于多智能体系统（3.1）而言，假设外部牵制系统的轨迹为$s_k(t)$，满足$\dot{s}_k(t) = f(s_k(t), t)$，其中，$s_k(t) \neq s_{k'}(t), k \neq k' \in \{1, \cdots, K\}$。接着，当智能体$i \in g_k$时，控制协议可以设计为

$$\begin{aligned} u_i(t) = {} & \alpha \sum_{j \in g_k} a_{ij} \operatorname{sig}^2(x_j(t) - x_i(t)) + \sum_{k' \neq k} \operatorname{sig}^2\left(\sum_{j \in g_{k'}} a_{ij} x_j(t)\right) \\ & - \delta_1 \operatorname{sig}^2(x_i(t) - s_k(t)) + \beta \sum_{j \in g_k} a_{ij} \operatorname{sig}(x_j(t) - x_i(t)) \\ & + \sum_{k' \neq k} \operatorname{sig}\left(\sum_{j \in g_{k'}} a_{ij} x_j(t)\right) - \delta_2 \operatorname{sig}(x_i(t) - s_k(t)) \\ & + \gamma \sum_{j \in g_k} a_{ij} \operatorname{sgn}(x_j(t) - x_i(t)) + \sum_{k' \neq k} \operatorname{sgn}\left(\sum_{j \in g_{k'}} a_{ij} x_j(t)\right), \quad i = r_{k-1} + 1 \end{aligned} \tag{3.3}$$

其中，控制器参数后续会被设计成$\alpha, \beta, \gamma > 0$和$\delta_1, \delta_2 > 0$。

注释 3.2 值得注意的是，这个牵制控制的轨迹非线性函数在每一个子系统当中是不统一的。牵制控制的引入保证了这个在每一个子系统中的控制反馈都是正实数。但是，为了后续计算方便通常选择特定点为牵制输入点，即当$i \in g_k, k = 1, \cdots, K$时，选择$i = r_{k-1} + 1$这个点为控制点。

定理 3.1 基于假设 3.1 和假设 3.2 成立，如果协议（3.3）的控制参数满足以下条件：

$$\alpha \geqslant \frac{\overline{a}^2 \overline{r}}{2^{\frac{1}{2}} (\lambda_{\min}(M))^{\frac{3}{2}}}$$

$$\beta = \frac{2(\omega + \overline{ar})}{\lambda_{\min}(H)}$$

$$\gamma \geqslant \frac{1+\overline{d}}{\overline{a}}$$

则通过利用控制协议（3.3），对于多智能体系统下的固定时间分组一致性问题便可以被解决，并且实现收敛的时间为

$$T_{\max} = \frac{\pi}{\sqrt{(\tilde{a}-\gamma_1)(\gamma-\overline{a}-\overline{\overline{d}})}}$$

证明　针对每一个分组内的智能体 $i \in g_k, 1 \leqslant k \leqslant K$，定义牵制误差为 $\tilde{x}_i(t) = x_i(t) - s_k(t)$。令 $e_k = [\tilde{x}_{r_{k-1}+1}^{\mathrm{T}}, \cdots, \tilde{x}_{r_k}^{\mathrm{T}}]^{\mathrm{T}} \in \mathbb{R}^N$ 为误差向量并且 $\overline{a} = \max\limits_{\substack{i\in g_k, j\in g_{k'}\\ k\neq k'}} |a_{ij}|$。然后，通过利用引理 2.1 和式（3.1）、式（3.3），可以得到

$$\begin{aligned}
\dot{\tilde{x}}_i(t) = \dot{x}_i(t) - \dot{s}_i(t) &= f(x_i(t),t) - f(s_k(t),t) \\
&+ \alpha \sum_{j\in g_k} a_{ij} \mathrm{sig}^2(\tilde{x}_j(t) - \tilde{x}_i(t)) \\
&+ \sum_{k'\neq k} \mathrm{sig}^2\left(\sum_{j\in g_{k'}} a_{ij}\tilde{x}_j(t)\right) - \delta_1 \mathrm{sig}^2(\tilde{x}_i(t)) \\
&+ \beta \sum_{j\in g_k} a_{ij} \mathrm{sig}(\tilde{x}_j(t) - \tilde{x}_i(t)) \\
&+ \sum_{k'\neq k} \mathrm{sig}\left(\sum_{j\in g_{k'}} a_{ij}\tilde{x}_j(t)\right) - \delta_2 \mathrm{sig}(\tilde{x}_i(t)) \\
&+ \gamma \sum_{j\in g_k} a_{ij}\, \mathrm{sgn}(\tilde{x}_j(t) - \tilde{x}_i(t)) \\
&+ \sum_{k'\neq k} \mathrm{sgn}\left(\sum_{j\in g_{k'}} a_{ij}\tilde{x}_j(t)\right), \quad i = r_{k-1}+1
\end{aligned} \tag{3.4}$$

构建 Lyapunov 函数表达式为

$$V(t) = \frac{1}{2}\sum_{k=1}^{K}\sum_{i\in g_k} \tilde{x}_i^{\mathrm{T}}(t)\tilde{x}_i(t) = \frac{1}{2}\sum_{k=1}^{K} e_k^{\mathrm{T}}(t) e_k(t) \tag{3.5}$$

依据式（3.4）可以得到 V 函数的时间导数为

$$\begin{aligned}
\dot{V}(t) &= \sum_{k=1}^{K}\sum_{i\in g_k} \tilde{x}_i^{\mathrm{T}}(t)\cdot \dot{\tilde{x}}_i(t) \\
&= \sum_{k=1}^{K}\sum_{i\in g_k} \tilde{x}_i^{\mathrm{T}}(t)\cdot (f(x_i(t),t) - f(s_k(t),t)) \\
&\quad - \delta_1 \sum_{k=1}^{K}\sum_{i\in g_k} \tilde{x}_i^{\mathrm{T}}(t)\cdot \mathrm{sig}^2(\tilde{x}_{r_{k-1}+1}(t))
\end{aligned}$$

$$
\begin{aligned}
&+\sum_{k=1}^{K}\sum_{i\in g_k}\tilde{x}_i^{\mathrm{T}}(t)\cdot\sum_{k'\neq k}\mathrm{sig}^2\left(\sum_{j\in g_{k'}}a_{ij}\tilde{x}_j(t)\right)\\
&+\alpha\sum_{k=1}^{K}\sum_{i\in g_k}\tilde{x}_i^{\mathrm{T}}(t)\cdot\sum_{j\in g_k}a_{ij}\mathrm{sig}^2(\tilde{x}_j(t)-\tilde{x}_i(t))\\
&+\beta\sum_{k=1}^{K}\sum_{i\in g_k}\tilde{x}_i^{\mathrm{T}}(t)\cdot\sum_{j\in g_k}a_{ij}\mathrm{sig}(\tilde{x}_j(t)-\tilde{x}_i(t))\\
&-\delta_2\sum_{k=1}^{K}\sum_{i\in g_k}\tilde{x}_i^{\mathrm{T}}(t)\cdot\mathrm{sig}(\tilde{x}_i(t))\\
&+\sum_{k=1}^{K}\sum_{i\in g_k}\tilde{x}_i^{\mathrm{T}}(t)\cdot\sum_{k'\neq k}\mathrm{sig}\left(\sum_{j\in g_{k'}}a_{ij}\tilde{x}_j(t)\right)\\
&+\gamma\sum_{k=1}^{K}\sum_{i\in g_k}\tilde{x}_i^{\mathrm{T}}(t)\cdot\sum_{j\in g_k}a_{ij}\,\mathrm{sgn}(\tilde{x}_j(t)-\tilde{x}_i(t))\\
&+\sum_{k=1}^{K}\sum_{i\in g_k}\tilde{x}_i^{\mathrm{T}}(t)\cdot\sum_{k'\neq k}\mathrm{sgn}\left(\sum_{j\in g_{k'}}a_{ij}\tilde{x}_j(t)\right)\\
&+\sum_{k=1}^{K}\sum_{i\in g_k}\tilde{x}_i^{\mathrm{T}}(t)\cdot d_i(t)\\
=&V_1(t)+V_2(t)+V_3(t)+V_4(t)\\
&+V_5(t)+V_6(t)+V_7(t)+V_8(t)
\end{aligned}
\tag{3.6}
$$

其中

$$
\begin{aligned}
V_1(t)&=\sum_{k=1}^{K}\sum_{i\in g_k}\tilde{x}_i^{\mathrm{T}}(t)\cdot(f(x_i(t),t)-f(s_k(t),t))\\
&\leqslant\omega\sum_{k=1}^{K}\sum_{i\in g_k}\tilde{x}_i^{\mathrm{T}}(t)\cdot|\tilde{x}_i(t)|=\omega V(t)
\end{aligned}
\tag{3.7}
$$

在这一序列中，通信拓扑图为无向图，则对于任意的$i,j\in g_k$，分别有等式$a_{ij}=a_{ji}$和$\mathrm{sig}(x_i(t)-x_j(t))=-\mathrm{sig}(x_j(t)-x_i(t))$成立。为了后续计算方便，令$\tilde{\alpha}=2^{\frac{1}{2}}\alpha N^{\frac{-1}{2}}(\lambda_{\min}(M))^{\frac{3}{2}}$、$\gamma_1=\overline{a}^2\overline{r}N^{\frac{-1}{2}}$、$\overline{r}=\max(N-|g_{k'}|)$，并且整个系统的对角矩阵对所有的$1\leqslant k\leqslant K$可以分别表示为

$$
\begin{gathered}
H_{kk}=L_{kk}+B_k\\
M=\mathrm{diag}\{M_1,\cdots,M_K\}\\
H=\{H_{11},\cdots,H_{KK}\}\\
B_k=\mathrm{diag}((2\delta_2\beta^{-1}),0,\cdots,0)\\
M_k=(L_{kk})^{\frac{2}{3}}+\mathrm{diag}\left((2\delta_1\alpha^{-1})^{\frac{2}{3}},0,\cdots,0\right)
\end{gathered}
$$

因此，接下来应用引理 2.1 和引理 2.2 来讨论式（3.6）中的第二项：

$$
\begin{aligned}
V_2(t) &= \alpha \sum_{k=1}^{K} \sum_{i \in g_k} \tilde{x}_i^{\mathrm{T}}(t) \cdot \sum_{j \in g_k} a_{ij} \operatorname{sig}^2(\tilde{x}_j(t) - \tilde{x}_i(t)) \\
&\quad - \delta_1 \sum_{k=1}^{K} \sum_{i \in g_k} \tilde{x}_i^{\mathrm{T}}(t) \cdot \operatorname{sig}^2(\tilde{x}_{r_{k-1}+1}(t)) \\
&= -\frac{\alpha}{2} \sum_{k=1}^{K} \sum_{i \in g_k} \sum_{j \in g_k} a_{ij} \left| \tilde{x}_j(t) - \tilde{x}_i(t) \right|^3 - \delta_1 \sum_{k=1}^{K} \left| \tilde{x}_{r_{k-1}+1}(t) \right|^3 \\
&\leqslant -\frac{\alpha}{2} N^{\frac{-1}{2}} \left(\sum_{k=1}^{K} \sum_{i \in g_k} \sum_{j \in g_k} (a_{ij})^{\frac{2}{3}} \left| \tilde{x}_j(t) - \tilde{x}_i(t) \right|^2 \right. \\
&\quad \left. - (2\delta_1 \alpha^{-1})^{\frac{2}{3}} \sum_{k=1}^{K} \left| \tilde{x}_{r_{k-1}+1}(t) \right|^2 \right)^{\frac{3}{2}} \\
&\leqslant -\frac{\alpha}{2} N^{\frac{-1}{2}} \left(\sum_{k=1}^{K} e_k^{\mathrm{T}}(t) [M_k \otimes I] e_k(t) \right)^{\frac{3}{2}} \\
&\leqslant -\frac{\alpha}{2} N^{\frac{-1}{2}} \left(\lambda_{\min}(M) \sum_{k=1}^{K} e_k^{\mathrm{T}}(t) e_k(t) \right)^{\frac{3}{2}} \\
&= -\tilde{a} V(t)^{\frac{3}{2}}
\end{aligned} \tag{3.8}
$$

并且同上述步骤可以得到式（3.6）中第三项为

$$
\begin{aligned}
V_3(t) &= \sum_{k=1}^{K} \sum_{i \in g_k} \tilde{x}_i^{\mathrm{T}}(t) \cdot \sum_{k' \neq k} \operatorname{sig}^2 \left(\sum_{j \in g_{k'}} a_{ij} \tilde{x}_j(t) \right) \\
&\leqslant \sum_{k=1}^{K} \sum_{i \in g_k} \left| \tilde{x}_i^{\mathrm{T}}(t) \right| \cdot \left| \sum_{k' \neq k} \sum_{j \in g_{k'}} a_{ij} \tilde{x}_j(t) \right|^2 \\
&\leqslant \bar{a}^2 \sum_{k=1}^{K} \sum_{i \in g_k} \left| \tilde{x}_i^{\mathrm{T}}(t) \right| \cdot \left| \sum_{k' \neq k} \sum_{j \in g_{k'}} \tilde{x}_j(t) \right|^2 \\
&\leqslant \bar{a}^2 \sum_{k=1}^{K} \sum_{i \in g_k} \left| \tilde{x}_i^{\mathrm{T}}(t) \right|^3 \cdot (N - |g_{k'}|) \\
&= \bar{a}^2 \bar{r} \sum_{k=1}^{K} \sum_{i \in g_k} \left(\left| \tilde{x}_i^{\mathrm{T}}(t) \right|^2 \right)^{\frac{3}{2}} \\
&\leqslant \bar{a}^2 \bar{r} N^{\frac{-1}{2}} \left(\sum_{k=1}^{K} \sum_{i \in g_k} \left| \tilde{x}_i^{\mathrm{T}}(t) \right|^2 \right)^{\frac{3}{2}} \\
&= \gamma_1 V(t)^{\frac{3}{2}}
\end{aligned} \tag{3.9}
$$

第四项分析过程类似于式（3.8），可以得到下面的估计：

$$
\begin{aligned}
V_4(t) &= \beta\sum_{k=1}^{K}\sum_{i\in g_k}\tilde{x}_i^{\mathrm{T}}(t)\cdot\sum_{j\in g_k}a_{ij}\mathrm{sig}(\tilde{x}_j(t)-\tilde{x}_i(t)) \\
&\quad -\delta_2\sum_{k=1}^{K}\sum_{i\in g_k}\tilde{x}_i^{\mathrm{T}}(t)\cdot\mathrm{sig}(\tilde{x}_{r_{k-1}+1}(t)) \\
&= -\frac{\beta}{2}\sum_{k=1}^{K}\sum_{i\in g_k}\sum_{j\in g_k}a_{ij}\,|\,\tilde{x}_j(t)-\tilde{x}_i(t)\,|^2 \\
&\quad -\delta_2\sum_{k=1}^{K}|\,\tilde{x}_{r_{k-1}+1}(t)\,|^2 \\
&\leqslant -\frac{\beta}{2}\left(\sum_{k=1}^{K}e_k^{\mathrm{T}}(t)(H_{kk}\otimes I)e_k(t)\right) \\
&\leqslant -\frac{\beta}{2}\lambda_{\min}(H)V(t)
\end{aligned} \tag{3.10}
$$

进一步得到第五项为

$$
\begin{aligned}
V_5(t) &= \sum_{k=1}^{K}\sum_{i\in g_k}\tilde{x}_i^{\mathrm{T}}(t)\cdot\sum_{k'\neq k}\mathrm{sig}\left(\sum_{j\in g_{k'}}a_{ij}\tilde{x}_j(t)\right) \\
&\leqslant \sum_{k=1}^{K}\left|\sum_{i\in g_k}\tilde{x}_i^{\mathrm{T}}(t)\right|\left|\sum_{k'\neq k}\sum_{j\in g_{k'}}a_{ij}\tilde{x}_j(t)\right| \\
&\leqslant \overline{ar}\sum_{k=1}^{K}\sum_{i\in g_k}|\,\tilde{x}_i(t)\,|^2 \leqslant \overline{ar}V(t)
\end{aligned} \tag{3.11}
$$

依据以上的计算过程，可以得到剩余三项的总和为

$$
\begin{aligned}
&V_6(t)+V_7(t)+V_8(t) \\
&= \gamma\sum_{k=1}^{K}\sum_{i\in g_k}\tilde{x}_i^{\mathrm{T}}(t)\cdot\sum_{j\in g_k}a_{ij}\,\mathrm{sgn}(\tilde{x}_j(t)-\tilde{x}_i(t)) \\
&\quad +\sum_{k=1}^{K}\sum_{i\in g_k}\tilde{x}_i^{\mathrm{T}}(t)\cdot\sum_{k'\neq k}\mathrm{sgn}\left(\sum_{j\in g_{k'}}a_{ij}\tilde{x}_j(t)\right)+\sum_{k=1}^{K}\sum_{i\in g_k}\tilde{x}_i^{\mathrm{T}}(t)\cdot d_i(t) \\
&\leqslant -\gamma\sum_{k=1}^{K}\sum_{i\in g_k}|\,\tilde{x}_i(t)\,|+\bar{a}\sum_{k=1}^{K}\sum_{i\in g_k}|\,\tilde{x}_i(t)\,|+\bar{d}\sum_{k=1}^{K}\sum_{i\in g_k}|\,\tilde{x}_i(t)\,| \\
&\leqslant -(\gamma-\bar{a}-+\bar{d})V(t)^{\frac{1}{2}}
\end{aligned} \tag{3.12}
$$

结合式（3.7）、式（3.10）和式（3.11），可得

$$
V_1(t)+V_4(t)+V_5(t)\leqslant -\left(\frac{\beta}{2}\lambda_{\min}(H)-\omega-\overline{ar}\right)V(t) \tag{3.13}
$$

同理，结合式（3.8）和式（3.9），可得

$$V_2(t)+V_3(t)\leqslant-(\tilde{a}-\gamma_1)V(t)^{\frac{3}{2}} \tag{3.14}$$

总结式（3.12）、式（3.13）和式（3.14），最后可得

$$\begin{aligned}\dot{V}(t)\leqslant&-(\tilde{a}-\gamma_1)V(t)^{\frac{3}{2}}\\&-\left(\frac{\beta}{2}\lambda_{\min}(H)-\omega-\overline{ar}\right)V(t)\\&-(\gamma-\overline{a}-\overline{d})V(t)^{\frac{1}{2}}\end{aligned}$$

因此，根据引理 2.1 和引理 2.3，以及定理 3.1 中的参数设计可以实现固定时间全局收敛，并且收敛时间为

$$T_{\max}=\frac{\pi}{\sqrt{(\tilde{a}-\gamma_1)(\gamma-\overline{a}-\overline{d})}}$$

接下来，考虑当非线性函数为零时，整个非线性系统就退化成为线性系统。也就是说线性系统其实就是非线性系统一个特殊的例子。线性系统模型表达式为

$$\dot{x}_i(t)=\overline{u}_i(t)+d_i(t),\quad i\in V \tag{3.15}$$

其中，$\overline{u}_i(t)$，$d_i(t)$ 分别是第 i 个智能体的控制输入和外部扰动。并且 $\overline{u}_i(t)$ 的设计为

$$\begin{aligned}\overline{u}_i(t)=&\alpha\sum_{j\in g_k}a_{ij}\mathrm{sig}^2(x_j(t)-x_i(t))\\&+\sum_{k'\neq k}\mathrm{sig}^2\left(\sum_{j\in g_{k'}}a_{ij}x_j(t)\right)-\delta_1\mathrm{sig}^2(x_i(t)-s_k(t))\\&+\gamma\sum_{j\in g_k}a_{ij}\,\mathrm{sgn}(x_j(t)-x_i(t))\\&+\sum_{k'\neq k}\mathrm{sgn}\left(\sum_{j\in g_{k'}}a_{ij}x_j(t)\right),\quad i=r_{k-1}+1\end{aligned} \tag{3.16}$$

式中，控制参数 $\alpha,\gamma>0$ 和 $\delta_1>0$ 后续将被精准设计。

通过定理 3.1 的分析过程，可以得到如下推论。

推论 3.1　依据假设 3.2 成立，如果线性系统模型（3.16）中的参数设计满足如下条件：

$$\alpha\geqslant\frac{\overline{a}^2\overline{r}}{2^{\frac{1}{2}}(\lambda_{\min}(M))^{\frac{3}{2}}}$$

$$\gamma\geqslant\frac{1+\overline{d}}{\overline{a}}$$

然后，对于线性多智能体系统在控制协议（3.16）下可以实现固定时间分组一致性，并且收敛时间为

$$T_{\max}=\frac{\pi}{\sqrt{(\tilde{a}-\gamma_1)(\gamma-\overline{a}-\overline{d}-c)}}$$

证明　基于定理 3.1 的证明过程，首先得到牵制误差为$\tau_i(t)=x_i(t)-s_k(t)$，存在一个牵制轨迹对于任意的$i\in g_k,1\leqslant k\leqslant K$，都有$\dot{s}_k(t)=c_k$。其中，$c_k$为牵制反馈增益并且对于任意的$i\in g_k,1\leqslant k\leqslant K$，$c_k$都始终保持常数。因此可得

$$\begin{aligned}\dot{\tau}_i(t)&=\dot{x}_i(t)-\dot{s}_k(t)\\&=\alpha\sum_{j\in g_k}a_{ij}\mathrm{sig}^2(\tau_j(t)-\tau_i(t))\\&\quad+\sum_{k'\neq k}\mathrm{sig}^2\left(\sum_{j\in g_{k'}}a_{ij}\tau_j(t)\right)-\delta_1\mathrm{sig}^2(\tau_i(t))\\&\quad+\gamma\sum_{j\in g_k}a_{ij}\,\mathrm{sgn}(\tau_j(t)-\tau_i(t))\\&\quad+\sum_{k'\neq k}\mathrm{sgn}\left(\sum_{j\in g_{k'}}a_{ij}\tau_j(t)\right)-c,\quad i=r_{k-1}+1\end{aligned}\tag{3.17}$$

构建一个 Lyapunov 函数候选函数为

$$\bar{V}(t)=\frac{1}{2}\sum_{k=1}^{K}\sum_{i\in g_k}\tau_i^{\mathrm{T}}(t)\tau_i(t)=\frac{1}{2}\sum_{k=1}^{K}e_k^{\mathrm{T}}(t)e_k(t)$$

根据式（3.17）的轨迹可以得到$\bar{V}(t)$的时间导数为

$$\dot{\bar{V}}(t)<-(\tilde{a}-\gamma_1)\bar{V}(t)^{\frac{3}{2}}-(\gamma-\bar{a}-\bar{d}-c)\bar{V}(t)^{\frac{1}{2}}$$

最后，依据推论 3.1 中的条件可以得到，当$\alpha\geqslant\dfrac{\bar{a}^2\bar{r}}{2^{\frac{1}{2}}(\lambda_{\min}(M))^{\frac{3}{2}}},\gamma\geqslant\dfrac{1+\bar{d}}{\bar{a}}$时，可以得出$\dot{\bar{V}}(t)<0$成立。这个详细的证明过程类似于定理 3.1，在此不赘述。

3.2.3　数值仿真

选择 9 个智能体组成一个多智能体系统并且将其分成三个子系统，其中智能体 1、2 和 3 为g_1，智能体 4 和 5 为g_2，以及智能体 6、7、8 和 9 为g_3，分别选择每一个子系统当中的第一个智能体给予牵制作用。整个通信拓扑结构如图 3-1 所示。

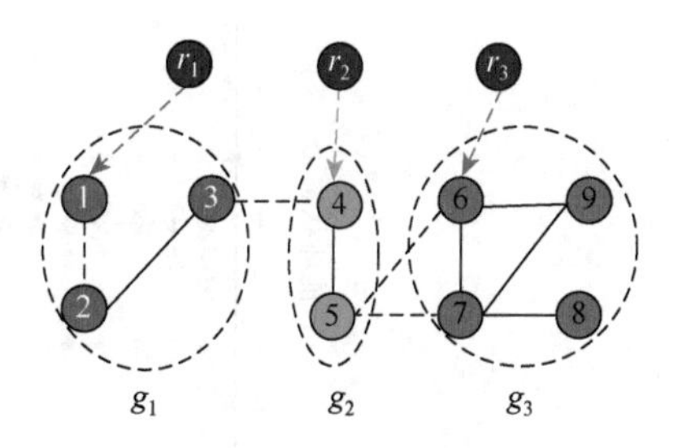

图 3-1　通信拓扑图

依据通信拓扑图，则每个子系统的拉普拉斯矩阵可以分别表示为

$$L_{11}=\begin{bmatrix}1&-1&0\\-1&2&-1\\0&-1&1\end{bmatrix}$$

$$L_{22}=\begin{bmatrix}1 & -1\\ -1 & 1\end{bmatrix}$$

$$L_{33}=\begin{bmatrix}2 & -1 & 0 & -1\\ -1 & 3 & -1 & -1\\ 0 & -1 & 1 & 0\\ -1 & -1 & 0 & 2\end{bmatrix}$$

例 3.1 在这个数值例子中，考虑这个非线性动态方程为

$$f(x_i(t),t)=2\sin(10x_i(t))$$

并且扰动变量分别被设计为

$$d_1=\sin t,\quad d_2=0.9\sin t,\quad d_3=2\sin t$$
$$d_4=0.7\sin t,\quad d_5=1.4\cos t,\quad d_6=1.3\cos t$$
$$d_7=0.8\cos t,\quad d_8=\cos t,\quad d_9=2\cos t$$

因此，这个外部混合干扰有上界为$\bar{d}=2$并且$\bar{a}=1,\gamma_1=2$和利普希茨常数为$\omega=2$。然后，选择合适的初始状态的输入值为$\varepsilon(0)=(5,2,-3,2,-4,-2,6,0,-5)^{\mathrm{T}}$并且这个系统状态以及跟踪误差的轨迹可以分别被描述为图 3-2 和图 3-3。从仿真图中可以看出这个收敛时间大致为 0.15s，然而通过选取控制参数$\alpha>11.7951$, $\beta=151.1194,\gamma>3$并且设计$\delta_1=\alpha,\delta_2=\beta$，从而估算出的收敛时间为$T_{\max}\approx 2.5610$。显而易见，实际收敛时间远远小于估计收敛时间。因此，基于牵制的多智能体系统的固定时间非线性分组一致可以实现。

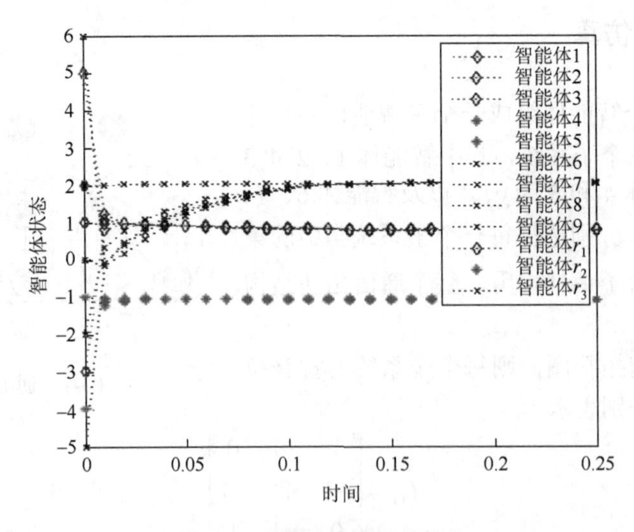

图 3-2 非线性多智能体状态

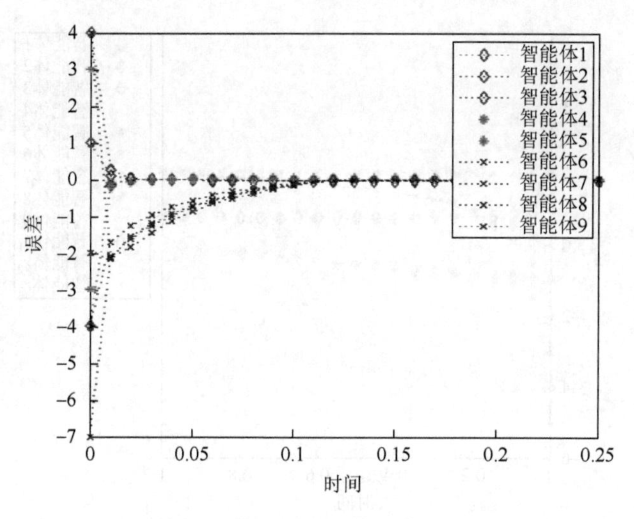

图 3-3　非线性多智能体跟踪误差

例 3.2　在这个特殊的推论的仿真实例中，设计外部干扰为

$$d_1 = d_2 = d_3 = \sin t$$

$$d_4 = d_5 = \cos t$$

$$d_6 = d_7 = d_8 = d_9 = \cos(0.2t)$$

并且分别选取 $\delta_1 = \alpha = 12$ 和 $\gamma = 7$，应用与例 3.1 中同样的状态初始输入可以得出收敛估计值为 $T_{\max} \approx 3.7941$。然而，通过计算机仿真图 3-4 和图 3-5 可以看出收敛时间远远小于估计值。

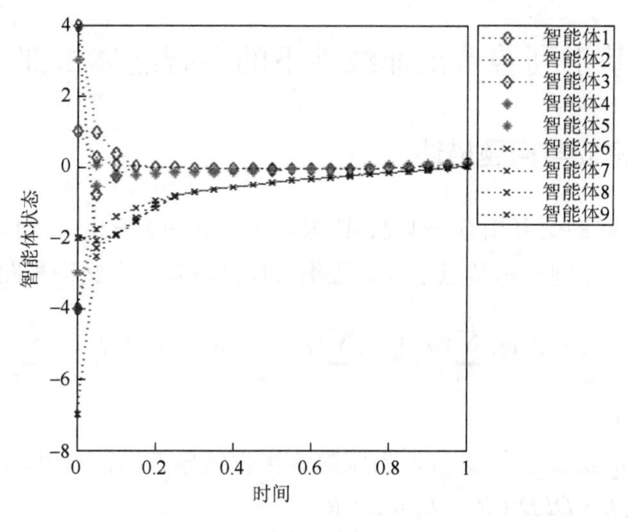

图 3-4　线性多智能体状态

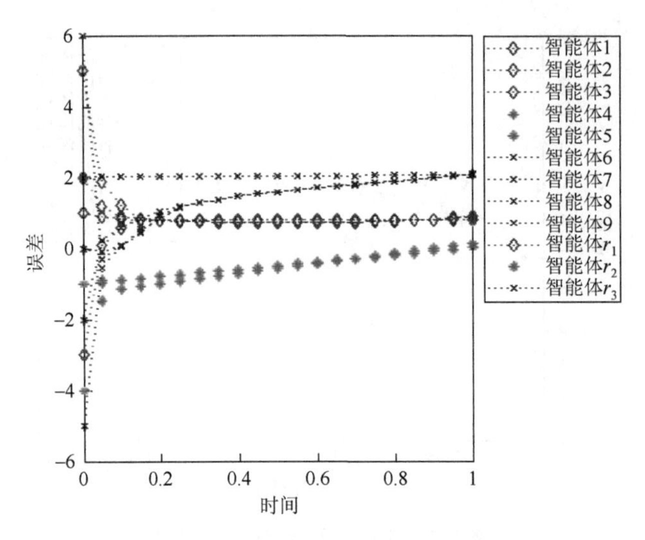

图 3-5　线性多智能体跟踪误差

3.2.4　本节小结

本节研究了带有干扰的固定时间分组一致性问题。为了达到固定时间分组一致性，设计了基于牵制控制下的两个控制算法，其中牵制控制的引入可以更加灵活地扮演领导者在整个系统中的角色。除此之外，对于随机的初始状态的输入而言，干扰输入的有界性也被设计使得固定时间分组一致可以在估计的收敛时间之前达到。最后，数值仿真图也验证了结论的正确性和有效性。

3.3　基于利普希茨非线性下的多智能体二部一致性

3.3.1　模型建立与问题描述

智能体之间的交互由$\mathcal{G}=\{\mathcal{V},\mathcal{E},\mathcal{A}\}$来表示，其中$\mathcal{V}=\{1,\cdots,N\}$，$\mathcal{E}\subset\mathcal{V}\times\mathcal{V}$与$\mathcal{A}=[a_{ij}]\in\mathbb{R}^{N\times N}$分别表示节点集合、边集与权重矩阵。定义符号图$\mathcal{G}$的拉普拉斯矩阵为$\mathcal{L}=[l_{ij}]_{N\times N}=\mathrm{diag}\left(\sum_{j=1}^{N}|a_{1j}|,\cdots,\sum_{j=1}^{N}|a_{Nj}|\right)-\mathcal{A}$，其中$l_{ij}=\sum_{k=1,k\neq i}^{N}|a_{ik}|$，$j=i$；$l_{ij}=-a_{ij}$，$j\neq i$。

令$R=\mathrm{diag}(a_{10},a_{20},\cdots,a_{N0})$，当跟随者接收领导者的信息时，$a_{i0}>0$，反之$a_{i0}=0$。定义$\overline{L}=DLD+R$，$L_R=L+R$。

引理 3.1[29]　若符号图$\mathcal{G}$结构平衡，那么存在对角矩阵$D=\mathrm{diag}(d_1,d_2,\cdots,d_N)$

使得 DAD 中每个元素是非负的。此外，D 提供了一个集合划分，即 $\mathcal{V}_1=\{i\,|\,d_i>0\}$ 和 $\mathcal{V}_2=\{i\,|\,d_i<0\}$。

考虑一群由 N 个智能体和一个领导者构成的多智能体系统，其动力学方程为

$$\begin{cases}\text{智能体：}\dot{r}_i(t)=Ar_i(t)+Bu_i(t)+f(r_i,t)\\ \text{领导者：}\dot{r}_0(t)=Ar_0(t)+Bu_0(t)+f(r_0,t)\end{cases}\tag{3.18}$$

其中，$r_i(t)$ 和 $u_i(t)$ 分别表示第 i 个智能体的状态和控制输入；$r_0(t)$ 和 $u_0(t)$ 分别表示领导者的状态和控制输入。

假设 3.3 通信网络图是连通、结构平衡图，且有 N 个跟随者，每个跟随者至少有一条到领导者的路径。

假设 3.4 (A,B) 是稳定的。

假设 3.5 存在正常数 k，满足

$$\|f(x,t)-f(y,t)\|\leqslant k\|x-y\|,\forall x,y\in\mathbb{R}^n,\quad t\geqslant 0$$

引理 3.2[30] 存在正定矩阵 $P\in\mathbb{R}^{N\times N}$，满足

$$A^{\mathrm{T}}P+PA-\alpha PBB^{\mathrm{T}}P+\gamma P=0$$

其中，$\alpha>0$；$\gamma>0$。

引理 3.3[31] 利用克罗内克积的一些性质，有以下运算法则：

$$(1)(A+B)\otimes C=A\otimes C+B\otimes C$$
$$(2)(A\otimes B)(C\otimes D)=(AC)\otimes(BD)$$

定义 3.1 如果满足下面的式子，则系统实现了二部一致性：

$$\begin{cases}\lim\limits_{t\to\infty}\|r_i(t)-r_0(t)\|=0\\ \lim\limits_{t\to\infty}\|r_i(t)+r_0(t)\|=0\end{cases}\tag{3.19}$$

基于引理 3.1，式（3.19）可以写为

$$\lim_{t\to\infty}\|r_i(t)-d_ir_0(t)\|=0,\quad i=1,2,\cdots,N$$

3.3.2　利普希茨非线性多智能体系统的二部一致性

在领导者控制输入不为 0 的情况下，提出下面的控制协议：

$$u_i(t)=-K\left(\sum_{j=1}^{N}|a_{ij}|(r_i(t)-\mathrm{sign}(a_{ij})r_j(t))+a_{i0}(r_i(t)-d_ir_0(t))\right)+d_iu_0(t)\tag{3.20}$$

其中，K 是待设计的反馈矩阵。

定理 3.2 假设 3.2～假设 3.5 下，对于控制协议（3.20），若 $\alpha\leqslant 2\lambda_2(L_R)$，$\gamma\geqslant 2k$ 且 $K=B^{\mathrm{T}}P$，其中 $P>0$ 是下面里卡蒂方程的一个解：

$$A^{\mathrm{T}}P+PA-\alpha PBB^{\mathrm{T}}P+\gamma P=0\tag{3.21}$$

则非线性多智能体系统（1）可以实现二部一致性。

证明 令 $\delta_i(t)=r_i(t)-d_ir_0(t)$，$\hat{u}_i(t)=u_i(t)-d_iu_0(t)$。结合式(3.18)和式(3.20)，$\delta_i(t)$ 的导数为

$$\dot{\delta}_i(t)=A\delta_i(t)+B\hat{u}_i(t)+D_1f(r_i,t)-D_1f(d_ir_0,t) \tag{3.22}$$

根据式（3.20），得到

$$\hat{u}_i(t)=-B^{\mathrm{T}}P\left(\sum_{j=1}^{N}|a_{ij}|(r_i(t)-\mathrm{sign}(a_{ij})r_j(t))+a_{i0}(r_i(t)-d_ir_0(t))\right)$$

因为 $\mathrm{sign}(a_{ij})d_i=d_j$，所以

$$\hat{u}(t)=-B^{\mathrm{T}}P\left(\sum_{j=1}^{N}|a_{ij}|((r_i(t)-d_ir_0(t))-\mathrm{sign}(a_{ij})(r_j(t)-d_ir_0(t)))+a_{i0}(r_i(t)-d_ir_0(t))\right) \tag{3.23}$$

把式（3.23）代入式（3.22），得到

$$\begin{aligned}\dot{\delta}_i(t)=A\delta_i(t)-BB^{\mathrm{T}}P&\left(\sum_{j=1}^{N}|a_{ij}|(\delta_i(t)-\mathrm{sign}(a_{ij})\delta_j(t))+a_{i0}\delta_i(t)\right)\\&+f(r_i,t)-f(d_ir_0,t)\end{aligned} \tag{3.24}$$

根据假设 3.5，得到

$$\|f(r_i,t)-f(d_ir_0,t)\|\leqslant k\|\delta_i(t)\|$$

进一步，式（3.24）写为

$$\begin{aligned}\dot{\delta}_i(t)\leqslant A\delta_i(t)-BB^{\mathrm{T}}P&\left(\sum_{j=1}^{N}|a_{ij}|(\delta_i(t)-\mathrm{sign}(a_{ij})\delta_j(t))+a_{i0}\delta_i(t)\right)\\&+kI_N\delta_i(t)\end{aligned} \tag{3.25}$$

定义

$$\delta=[\delta_1^{\mathrm{T}},\delta_2^{\mathrm{T}},\cdots,\delta_N^{\mathrm{T}}]^{\mathrm{T}}$$

式（3.25）的紧凑形式为

$$\dot{\delta}\leqslant(I_N\otimes A-L_R\otimes BB^{\mathrm{T}}P+k(I_N\otimes I_N))\delta \tag{3.26}$$

给出 Lyapunov 函数

$$V=\delta^{\mathrm{T}}(I_N\otimes P)\delta$$

结合式（3.26），V 的导数为

$$\begin{aligned}\dot{V}&\leqslant 2\delta^{\mathrm{T}}(I_N\otimes PA-L_R\otimes PBB^{\mathrm{T}}P+k(I_N\otimes PD_1))\delta\\&=\delta^{\mathrm{T}}(I_N\otimes(PA+A^{\mathrm{T}}P)-2L_R\otimes PBB^{\mathrm{T}}P+2k(I_N\otimes PD_1))\delta\\&\leqslant\delta^{\mathrm{T}}(I_N\otimes(PA+A^{\mathrm{T}}P)-2\lambda_2(L_R)I_N\otimes PBB^{\mathrm{T}}P+2k(I_N\otimes PD_1))\delta\end{aligned}$$

选取 $\alpha\leqslant 2\lambda_2(L_R)$，得到

$$\dot{V}\leqslant\delta^{\mathrm{T}}(I_N\otimes(PA+A^{\mathrm{T}}P)-\alpha I_N\otimes PBB^{\mathrm{T}}P+2k(I_N\otimes PD_1))\delta$$

由引理3.3，得到

$$\dot{V} \leqslant \delta^{\mathrm{T}}(I_N \otimes (A^{\mathrm{T}}P + PA - \alpha PBB^{\mathrm{T}}P) + 2k(I_N \otimes PD_1))\delta$$

借助引理3.2，得到

$$\dot{V} \leqslant \delta^{\mathrm{T}}(2k(I_N \otimes PD_1) - \gamma(I_N \otimes P))\delta$$

进一步，有

$$\begin{aligned}\dot{V} &\leqslant (2k-\gamma)\delta^{\mathrm{T}}(I_N \otimes P)\delta \\ &= (2k-\gamma)V\end{aligned}$$

因此，$\delta_i(t) \to 0$ 随着 $t \to \infty$。也就是说，$r_i(t) \to d_i r_0(t)$ 随着 $t \to \infty$。定理得证。

下面，将进一步分析一种特殊情况，即领导者的控制输入为0。也就是说，领导者以恒定速度运动。其动态方程为

$$\begin{cases}\dot{r}_i(t) = Ar_i(t) + Bu_i(t) + f(r_i,t) \\ \dot{r}_0(t) = Ar_0(t) + f(r_0,t)\end{cases} \tag{3.27}$$

同样地，基于相邻智能体信息，设计如下控制协议：

$$\begin{aligned}u_i(t) = &-K\left(\sum_{j=1}^{N}|a_{ij}|(r_i(t) - \mathrm{sgn}(a_{ij})r_j(t)) + a_{i0}(r_i(t) - d_i r_0(t))\right) \\ &-\mathrm{sgn}\left(B^{\mathrm{T}}P\sum_{j=1}^{N}|a_{ij}|(r_i(t) - \mathrm{sgn}(a_{ij})r_j(t)) + a_{i0}(r_i(t) - d_i r_0(t))\right)\end{aligned} \tag{3.28}$$

定理3.3　假设3.3～假设3.5下，对于控制协议(3.28)，若 $\alpha \leqslant 2\lambda_2(\bar{L})$，$\gamma \geqslant 2k$ 且 $K = B^{\mathrm{T}}P$，其中 $P > 0$ 是下面里卡蒂方程的一个解：

$$A^{\mathrm{T}}P + PA - \alpha PBB^{\mathrm{T}}P + \gamma P = 0$$

则非线性多智能体系统（3.18）可以实现二部一致性。

证明　把式（3.28）代入式（3.27），闭环系统为

$$\begin{aligned}\dot{r}_i(t) = &Ar_i(t) - BB^{\mathrm{T}}P\left(\sum_{j=1}^{N}|a_{ij}|(r_i(t) - \mathrm{sgn}(a_{ij})r_j(t)) + a_{i0}(r_i(t) - d_i r_0(t))\right) \\ &-B\,\mathrm{sgn}\left(B^{\mathrm{T}}P\left(\sum_{j=1}^{N}|a_{ij}|(r_i(t) - \mathrm{sgn}(a_{ij})r_j(t)) + a_{i0}(r_i(t) - d_i r_0(t))\right)\right) \\ &+f(r_i,t)\end{aligned} \tag{3.29}$$

式（3.29）的紧凑形式为

$$\dot{r} = (I_N \otimes A - L_R \otimes BB^{\mathrm{T}}P)r - (I_N \otimes B)\mathrm{sgn}((L_R \otimes B^{\mathrm{T}}P)r) + F(r,t)$$

定义 $\bar{r} = (D \otimes I_n)r$，得到

$$\dot{r} = (I_N \otimes A - DL_R \otimes BB^{\mathrm{T}}P)r - (I_N \otimes B)(D \otimes I_n)\operatorname{sgn}((L \otimes B^{\mathrm{T}}P)r) + F(\overline{r},t) \tag{3.30}$$

因为$DD = I_N$和$D\operatorname{sgn}(s) = \operatorname{sgn}(Ds)$，从式（3.30）得到

$$\begin{aligned}\dot{\overline{r}} &= (I_N \otimes A - DL_R D \otimes BB^{\mathrm{T}}P)\overline{r} - (I_N \otimes B)\operatorname{sgn}((DL_R D \otimes B^{\mathrm{T}}P)\overline{r}) + F(\overline{r},t) \\ &= (I_N \otimes A - \overline{L} \otimes BB^{\mathrm{T}}P)\overline{r} - (I_N \otimes B)\operatorname{sgn}((\overline{L} \otimes B^{\mathrm{T}}P)\overline{r}) + F(\overline{r},t)\end{aligned}$$

这意味着

$$\begin{aligned}\dot{\overline{r}}_i(t) = {} & A\overline{r}_i(t) + BB^{\mathrm{T}}P\sum_{j=0}^{N}\overline{a}_{ij}(\overline{r}_j(t) - \overline{r}_i(t)) \\ & + B\operatorname{sgn}\left(B^{\mathrm{T}}P\sum_{j=0}^{N}\overline{a}_{ij}(\overline{r}_j(t) - \overline{r}_i(t))\right) + f(\overline{r}_i, t(t))\end{aligned}$$

其中，$\overline{r}_i(t) = d_i r_i(t)$和$\overline{a}_{ij} = d_i a_{ij} d_j$。

令$e_i(t) = \overline{r}_i(t) - r_0(t)$，对$e_i(t)$求导得

$$\begin{aligned}\dot{e}_i(t) &= A\overline{r}_i(t) + BB^{\mathrm{T}}P\sum_{j=0}^{N}\overline{a}_{ij}(\overline{r}_j(t) - \overline{r}_i(t)) + B\operatorname{sgn}\left(B^{\mathrm{T}}P\sum_{j=0}^{N}\overline{a}_{ij}(\overline{r}_j(t) - \overline{r}_i(t))\right) \\ &\quad + f(\overline{r}_i, t) - Ar_0(t) - f(r_0, t) \\ &= Ae_i(t) + BB^{\mathrm{T}}P\sum_{j=0}^{N}\overline{a}_{ij}(e_j(t) - e_i(t)) + B\operatorname{sgn}\left(B^{\mathrm{T}}P\sum_{j=0}^{N}\overline{a}_{ij}(e_j(t) - e_i(t))\right) \\ &\quad + (f(\overline{r}, t) - f(r_0, t))\end{aligned}$$

根据假设 3.5，得到

$$\begin{aligned}\dot{e}_i(t) \leqslant {} & Ae_i(t) + BB^{\mathrm{T}}P\sum_{j=0}^{N}\overline{a}_{ij}(e_j(t) - e_i(t)) + k\|e_i(t)\| \\ & + B\operatorname{sgn}\left(B^{\mathrm{T}}P\sum_{j=0}^{N}\overline{a}_{ij}(e_j(t) - e_i(t))\right)\end{aligned} \tag{3.31}$$

式（3.31）的紧凑形式为

$$\dot{e} \leqslant (I_N \otimes A - \overline{L} \otimes BB^{\mathrm{T}}P)e - (\overline{L} \otimes B)\operatorname{sgn}((\overline{L} \otimes B^{\mathrm{T}}P)e) + k\|e\|$$

定义$\zeta = (\overline{L} \otimes I_n)e$，有

$$\dot{\zeta} \leqslant (I_N \otimes A - \overline{L} \otimes BB^{\mathrm{T}}P)\zeta - (\overline{L} \otimes B)\operatorname{sgn}(Y) + k\zeta$$

其中，$Y = (I_N \otimes B^{\mathrm{T}}P)\zeta$。

选取 Lyapunov 函数为

$$V = \zeta^{\mathrm{T}}(I_N \otimes P)\zeta$$

对其求导得到

$$\dot{V} \leqslant 2\zeta^{\mathrm{T}}(I_N \otimes PA - \overline{L} \otimes PBB^{\mathrm{T}}P + kI_N \otimes P)\zeta - 2Y^{\mathrm{T}}(\overline{L} \otimes I_s)\operatorname{sgn}(Y) \tag{3.32}$$

此外，有

$$
\begin{aligned}
&Y(\bar{L}\otimes I_s)\operatorname{sgn}(Y)\\
&=Y(DLD\otimes I_s)\operatorname{sgn}(Y)+Y(H\otimes I_s)\operatorname{sgn}(Y)\\
&=\sum_{i=1}^{N}\sum_{j=1}^{N}\bar{a}_{ij}(\|Y_i(t)\|_1-Y_i^{\mathrm{T}}\operatorname{sgn}(Y_i(t)))+\sum_{i=1}^{N}a_{i0}\|Y_i(t)\|_1
\end{aligned}
$$

利用$\|Y_i\|_1\geqslant Y_i^{\mathrm{T}}\operatorname{sgn}(Y_j)$，可以得到

$$
Y(\bar{L}\otimes I_s)\operatorname{sgn}(Y)\geqslant\sum_{i=1}^{N}a_{i0}\|Y_i\|_1 \tag{3.33}
$$

把式（3.33）调用到式（3.32），得到

$$
\dot{V}\leqslant\zeta^{\mathrm{T}}(I_N\otimes(PA+A^{\mathrm{T}}P)-2\bar{L}_R\otimes PBB^{\mathrm{T}}P+2k(I_N\otimes P))\zeta
$$

选取$\alpha\leqslant 2\lambda_2(\bar{L})$，有

$$
\dot{V}\leqslant\zeta^{\mathrm{T}}(I_N\otimes(A^{\mathrm{T}}P+PA-\alpha PBB^{\mathrm{T}}P)+2k(I_N\otimes P))\zeta
$$

根据引理 3.2，得到

$$
\begin{aligned}
\dot{V}&\leqslant(2k-\gamma)\zeta^{\mathrm{T}}(I_N\otimes P)\zeta\\
&=(2k-\gamma)V
\end{aligned}
$$

因为$\gamma\geqslant 2k$，所以$\|\zeta(t)\|$渐近收敛到 0。这意味着$\|r_i(t)-d_i r_0(t)\|$达到 0。也就是说，系统实现二部一致性。定理得证。

3.3.3　数值仿真

假设合作竞争网络中有一个领导者和五个跟随者，其中标号 1～5 为跟随者，标号 0 为领导者。图 3-6 中，实线表示合作关系，虚线表示竞争关系。而且，交互拓扑有一个生成树，是结构平衡的。跟随者被分为两个组合：$V_1=\{1,2,3\}$和$V_2=\{4,5\}$。

为了验证所提方法的有效性，给出两类非线性函数分别如下。

情况 1： $f(r_i)=[0,-0.34\sin(r_{i1})]^{\mathrm{T}}$。

情况 2： $f(r_i)=[-0.34\cos(r_{i1})-r_{i1},-0.34\cos(r_{i2})-r_{i2}]^{\mathrm{T}}$。

注意到非线性函数$f(r_i)$是全局的，常数$k=0.34$。在两例中，都选取系统参数

$$
r_i(t)=\begin{bmatrix} r_{i1}(t)\\ r_{i2}(t)\end{bmatrix}
$$

$$
A=\begin{bmatrix} 0 & 1\\ -1 & 0\end{bmatrix}
$$

$$
B=\begin{bmatrix} 1\\ 0\end{bmatrix}
$$

邻接矩阵为

$$A=\begin{bmatrix} 0 & 0 & 1 & -2 & 0 \\ 2 & 0 & 0 & 0 & 0 \\ 0 & 1 & 0 & 0 & -1 \\ -2 & 0 & 0 & 0 & 3 \\ 0 & 0 & -1 & 3 & 0 \end{bmatrix}$$

领导者权重矩阵 $R=\operatorname{diag}(1,0,3,0,0)$，这意味着智能体 1 和 3 能接收领导者的信息。经过简单计算，L_R 的特征值为 9.5247，4.8437，0.6217，2.5049+0.7475i，2.5049 − 0.7475i。假设 $u_0(t)=\cos(r_0(t))$。解里卡蒂方程（3.21）得到反馈矩阵 $K=[-0.7254,-0.1269]$。令 $r_0(0)=[3,6]^{\mathrm{T}}$，$r_1(0)=[0,-3]^{\mathrm{T}}$，$r_2(0)=[5,7]^{\mathrm{T}}$，$r_3(0)=[-4,10]^{\mathrm{T}}$，$r_4(0)=[-3,-5]^{\mathrm{T}}$，$r_5(0)=[2,0]^{\mathrm{T}}$。从图 3-7 和图 3-8 可以看到，集合 V_1 中的智能体收敛到领导者的状态 $r_0(t)$，集合 V_2 中的智能体收敛到领导者的符号相反状态 $-r_0(t)$，这与相关定理中得到的结论一致。追踪误差 $\varepsilon_i(t)=[\varepsilon_1(t),\varepsilon_2(t)]^{\mathrm{T}}$ 的轨迹在图 3-9 给出，可以看到领导者对实现二部一致性目标具有很大作用。

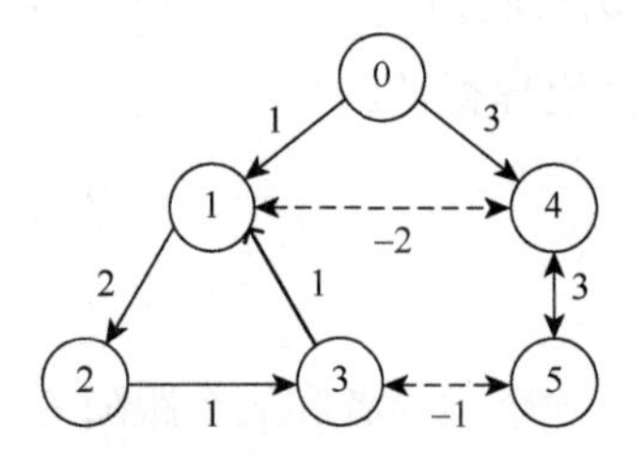

图 3-6　智能体通信网络图

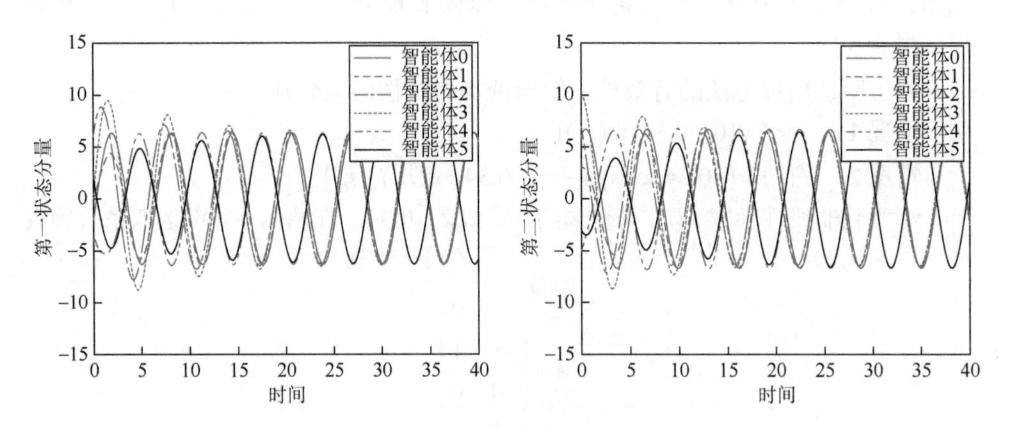

图 3-7　智能体的状态轨迹

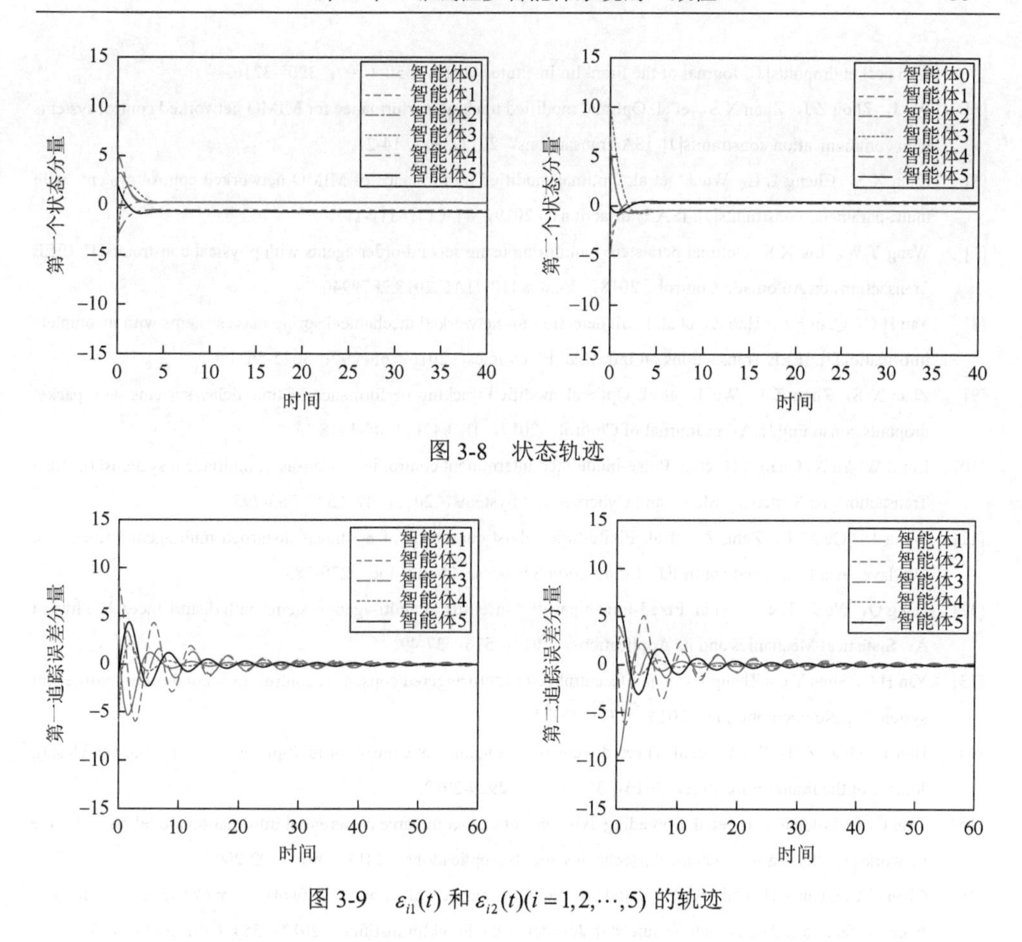

图 3-8　状态轨迹

图 3-9　$\varepsilon_{i1}(t)$ 和 $\varepsilon_{i2}(t)(i=1,2,\cdots,5)$ 的轨迹

3.3.4　本节小结

本小节研究了一类具有利普希茨非线性多智能体系统的二部一致性问题。通过运用里卡蒂方程和 Lyapunov 稳定性理论的相关知识，得到了非线性多智能体系统实现二部一致性所满足的充分条件。最后，通过数值仿真实例验证了理论结果。

参 考 文 献

[1] Qin J，Yu C. Cluster consensus control of generic linear multi-agent systems under directed topology with acyclic partition[J]. Automatica，2013，49（9）：2898-2905.

[2] Miao G，Ma Q. Group consensus of the first-order multi-agent systems with nonlinear input constraints[J]. Neurocomputing，2015，161：113-119.

[3] Xie D，Liang T. Second-order group consensus for multi-agent systems with time delays[J]. Neurocomputing，2015，153：133-139.

[4] Zhan X S，Guan Z H，Zhang X H，et al. Optimal tracking performance and design of networked control systems

with packet dropouts[J]. Journal of the Franklin Institute，2013，350（10）：3205-3216.

[5] Wu J，Zhou Z J，Zhan X S，et al. Optimal modified tracking performance for MIMO networked control systems with communication constraints[J]. ISA Transactions，2017，68：14-21.

[6] Zhan X S，Cheng L L，Wu J，et al. Optimal modified performance of MIMO networked control systems with multi-parameter constraints[J]. ISA Transactions，2019，84（1）：111-117.

[7] Wang Y W，Liu X K. Optimal persistent monitoring using second-order agents with physical constraints[J]. IEEE Transactions on Automatic Control，2018，doi.org/1109/TAC.2018.2879946.

[8] Yan H C，Qian F F，Hao Z，et al. Fault detection for networked mechanical spring mass systems with incomplete information[J]. IEEE Transactions on Industrial Electronics，2016，63（9）：5622-5631.

[9] Zhan X S，Zhou Z J，Wu J，et al. Optimal modified tracking performance of time-delay systems with packet dropouts constraint[J]. Asian Journal of Control，2017，18（4）：1508-1518.

[10] Liu Z W，Yu X，Guan Z H，et al. Pulse-modulated intermittent control in consensus of multiagent systems[J]. IEEE Transactions on Systems，Man，and Cybernetics：Systems，2017，47（5）：783-793.

[11] Wang L，Ge M F，Zeng Z，et al. Finite-time robust consensus of nonlinear disturbed multiagent systems via two-layer event-triggered control[J]. Information Sciences，2018，466：270-283.

[12] Deng Q，Wu J，Han T，et al. Fixed-time bipartite consensus of multi-agent systems with disturbances[J]. Physica A：Statistical Mechanics and its Applications，2019，516：37-49.

[13] Yan H C，Shen Y C，Zhang H，et al. Decentralized event-triggered consensus control for second-order multi-agent systems[J]. Neurocomputing，2014，133：18-24.

[14] Han T，Guan Z H，Wu Y，et al. Three-dimensional containment control for multiple unmanned aerial vehicles[J]. Journal of the Franklin Institute，2016，353（13）：2929-2942.

[15] Wan C，Li T，Guan Z H，et al. Spreading dynamics of an e-commerce preferential information model on scale-free networks[J]. Physica A：Statistical Mechanics and its Applications，2017，467：192-200.

[16] Chen C Y，Guan Z H，Chi M，et al. Fundamental performance limitations of networked control systems with novel trade-off factors and constraint channels[J]. Journal of the Franklin Institute，2017，354（7）：3120-3133.

[17] Hu J，Hong Y. Leader-following coordination of multi-agent systems with coupling time delays[J]. Physica A：Statistical Mechanics and its Applications，2007，374（2）：853-863.

[18] Zhan X S，Wu J，Jiang T，et al. Optimal performance of networked control systems under the packet dropouts and channel noise[J]. ISA Transactions，2015，58（5）：214-221.

[19] Wang Y W，Liu X K，Xiao J W，et al. Output formation-containment of interacted heterogeneous linear systems by distributed hybrid active control[J]. Automatica，2018，93：26-32.

[20] Han T，Guan Z H，Chi M，et al. Multi-formation control of nonlinear leader-following multi-agent systems[J]. ISA Transactions，2017，69：140-147.

[21] Yan H C，Zhang H，Yang F W，et al. Event-triggered asynchronous guaranteed cost control for markov jump discrete-time neural networks with distributed delay and channel fading[J]. IEEE Transactions on Neural Networks and Learning Systems，2018，29（8）：3588-3598.

[22] Hong Y，Hu J，Gao L. Tracking control for multi-agent consensus with an active leader and variable topology[J]. Automatica，2006，42（7）：1177-1182.

[23] Zhao Y，Duan Z S，Wen G，et al. Distributed finite-time tracking control for multi-agent systems：an observer-based approach[J]. Systems and Control Letters，2013，62（1）：22-28.

[24] Ge X，Han Q L，Yang F. Event-based set-membership leader-following consensus of networked multi-agent

systems subject to limited communication resources and unknown-but-bounded noise[J]. IEEE Transactions on Industrial Electronics，2017，64（6）：5045-5054.

[25] Qin J，Fu W，Zheng W X，et al. On the bipartite consensus for generic linear multiagent systems with input saturation[J]. IEEE Transactions on Cybernetics，2017，47（8）：1948-1958.

[26] Zhao L，Jia Y M，Yu J P，et al. Adaptive finite-time bipartite consensus for second-order multi-agent systems with antagonistic interactions[J]. Systems and Control Letters，2017，102：22-31.

[27] Hu J，Zhu H. Adaptive bipartite consensus on coopetition networks[J]. Physica D：Nonlinear Phenomena，2015，307：14-21.

[28] Wen G，Wang H，Yu X，et al. Bipartite tracking consensus of linear multi-agent systems with a dynamic leader[J]. IEEE Transactions on Circuits and Systems II：Express Briefs，2018，65（9）：1204-1208.

[29] Zhang H W，Chen J. Bipartite consensus of multi-agent systems over signed graphs：State feedback and output feedback control approaches[J]. International Journal of Robust and Nonlinear Control，2017，27（1）：3-14.

[30] Li Z，Ren W，Liu X，et al. Consensus of multi-agent systems with general linear and Lipschitz nonlinear dynamics using distributed adaptive protocols[J]. IEEE Transactions on Automatic Control，2013，58（7）：1786-1791.

[31] Jameel A，Rehan M，Hong K S，et al. Distributed adaptive consensus control of Lipschitz nonlinear multi-agent systems using output feedback[J]. International Journal of Control，2016，89（11）：2336-2349.

第4章　输入（不）饱和下二阶异构多智能体系统的一致性

4.1　引　　言

在过去的几十年中随着通信技术的发展，控制系统，包括网络化控制系统[1-3]与多智能体系统[4-7]得以迅速发展。分布式协同控制因其在工业、交通、机器人等诸多领域的广泛应用和高效率而受到广泛关注，而一致性问题作为协同控制的一个基本问题，已经引起了许多学者的关注。通常情况下，在一个多智能体系统中，如果每一个智能体能够通过与其他智能体交换信息而调整自己的状态，最终所有的智能体能够达到统一的状态，就说这个多智能体系统达到了一致。

经过多年的发展，关于多智能体系统的许多一致性问题都被提出并解决[8-11]，如一阶系统[12-15]、二阶系统[16-18]、高阶系统[19, 20]、连续系统、离散系统[21]等。但是这些文献的研究大多建立在系统中所有的智能体都有相同的动力这一前提之下，现实中一些物理方面的因素使得不同智能体之间的动力可能有差异。这种差异可以简单地分为两类。其一是由于制造工艺等原因，不同智能体之间的参数可能不尽相同，如同一批灯泡却有不同的寿命。其二是系统本身的智能体类型不同，如飞行器中有不同功能的部件其运行机制是不同的。因此，研究具有不同动力的异构多智能体系统的一致性是很有现实意义的。目前，关于异构多智能体的研究已经取得了一定的进展。Zheng 等[22]研究了一类包含离散与连续动力的一阶异构多智能体系统的一致性问题，并得出使得系统达到一致的充要条件是通信拓扑图中包含一个有向生成树。之后他们研究了二阶系统，同样得出了使得二阶异构系统达到一致的充要条件[23]。在文献[24]中，作者分别设计了状态反馈与输出反馈算法来研究异构多智能体系统的输出调节问题。在文献[25]中，作者设计了固定时间追踪控制器，解决了一类混合一阶与二阶非线性动力的多智能体系统的一致性问题，结果证明每个追随者都能够在固定的时间内追踪领导者。

除了异构性，饱和与非线性也是控制系统研究中很重要的因素。在实际应用中，由于控制器性能的限制，人们不可能无限地增加控制输入，因此研究输入饱和是十分有必要的。但是现有的文章中针对输入饱和的研究是有限的。Miao 等在文献[15]中分别针对连续系统与离散系统设计了不同的饱和组一致算法，并最终得出了使得系统在有限时间内达到一致的条件。Yang 等[21]研究了输入饱和下具有固定拓扑结构的离散多智能体系统的全局一致性问题。Fu 等[26]针对具有输入饱和的二阶多智能体系统，设计了一种新颖的有限时间一致性协议，得出了有领导者与无领导者情况下使得系统在有限时间内达到一致的充分条件。Zheng 等[27]研究了混合了一阶与二阶动力的混合多智能体系统在输入饱和情况下与领导追随情况下的一致性问题。非线性作为系统中一个广泛存在的特征从很久以前就被引入多智能体系统，事实上，关于非线性因素的研究已有很多。在文献[8]中，作者针对具有量化通信的非线性多智能体系统设计了双边追踪一致控制器。在文献[28]中，作者研究了在固定拓扑与切换拓扑下的一阶多智能体系统与二阶多智能体系统的一致性问题，且动力学方程中的非线性函数满足利普希茨条件。Hong 等[29]针对二阶非线性系统设计了一个新型固定时间一致性算法，非线性函数同样满足利普希茨条件。

受上述文献启发，研究了混合二阶线性动力与非线性动力的异构多智能体的一致性问题，目前相关研究还比较少。在本章中，每一个智能体都与其余智能体具有不同的动力，即使是线性智能体之间或是非线性智能体之间，其参数也不同。本章的目标是设计合适的控制协议使得每个智能体到达相同的状态。特别地，将输入饱和这一具有实际意义的物理因素纳入考虑范围。通过应用 Lyapunov 方法、LaSalle 不变原理及其他的数学方法，得出了保证系统达到一致的条件。本章的主要贡献集中在以下几个方面。首先，与文献[22]～[24]不同，本章加入了非线性这一现实又颇有挑战性的因素，与文献[28]、[29]中同构的系统相比，本章的系统是异构的；其次，考虑了输入饱和这一实用又具有挑战性的因素；最后，针对本章中的系统，将协议进行了拓展，使得其不仅适用于输入饱和情形，也适用于其他许多情形。

4.2　模型建立与问题描述

首先介绍相关的代数图理论。代数图是研究多智能体系统不可或缺的工具，因此，在这里简单地介绍一下图论。通信拓扑图由 $G=(V,E,A)$ 表示，其中 $V=\{v_1,v_2,\cdots,v_n\}$，$E=\{\varepsilon_{ij}=(v_i,v_j)\}\subset V\times V$，$A=[a_{ij}]_{n\times n}$ 分别表示顶点集、边集与加权邻接矩阵。边 $\varepsilon_{ij}\in E$ 当且仅当智能体 j 与智能体 i 之间由信息传递，即 $a_{ij}>0$；反之则有 $a_{ij}=0$。此外，对于所有的 $i,j=1,2,\cdots,n$ 都有 $a_{ij}=0$。如果对任意两个不同的顶点，总有一条路径连接这两个顶点，就说通信拓扑图是连通的。

考虑一个包含 $k(k\leqslant n)$ 个二阶线性动力与 $n-k$ 个二阶非线性动力的多智能体系统，其动力学模型如下：

$$\begin{cases}\dot{r}_i(t)=v_i(t),\dot{v}_i(t)=u_i(t), & i=1,2,\cdots,k\\ \dot{r}_i(t)=v_i(t),\dot{v}_i(t)=\varPhi_i(r_i(t),v_i(t),t)+u_i(t), & i=k+1,k+2,\cdots,n\end{cases}\tag{4.1}$$

其中，$r_i(\cdot)\in\mathbb{R}$、$v_i(\cdot)\in\mathbb{R}$ 与 $u_i(\cdot)\in\mathbb{R}$ 分别表示位置、速度与控制输入；$\varPhi_i(\cdot)$ 是 $r_i(\cdot)$ 与 $v_i(\cdot)$ 有关的连续非线性函数。为了简单起见，用 r_i 与 v_i 来替代 $r_i(t)$ 与 $v_i(t)$。

在设计一个具体的控制器 u_i 之前，首先给出下面的假设、引理及定义。

引理 4.1（LaSalle 不变原理） 对于连续自治系统 $\dot{r}=f(r)$，用 $\varOmega_l\subset\mathbb{R}^n$ 表示紧集，$V(r):\mathbb{R}^n\to\mathbb{R}$ 是一个标量函数且有连续的一阶偏导数。设 $\forall r\in\varOmega_l$ 都有 $\dot{V}(r)\leqslant 0$，令 M 是 $\varOmega_l$ 中所有使得 $\dot{V}(r)=0$ 的点组成的集合，E 是 M 中最大的不变集。于是有随着 $t\to\infty$，从 $\varOmega_l$ 出发的每个解 $r(t)$ 收敛到 E。

假设 4.1 通信拓扑图 G 是固定、无向、连通的。

假设 4.2 对非线性函数 $\varPhi_i(r_i,v_i,t)$ 与常数 $\alpha_i>0$，总有如下不等式成立：

$$\|\varPhi_i(r_i,v_i,t)\|\leqslant\alpha_i\|\arctan v_i\|,\quad i=k+1,k+2,\cdots,n$$

假设 4.3 对非线性函数 $\varPhi_i(r_i,v_i,t)$ 与常数 $\beta_i>0$，总有如下不等式成立：

$$\|\varPhi_i(r_i,v_i,t)\|\leqslant\beta_i\|v_i\|,\quad i=k+1,k+2,\cdots,n$$

定义 4.1 如果对于任意初值，总有如下条件成立，则异构多智能体系统达成了一致：

$$\begin{cases}\lim\limits_{t\to\infty}\|r_j-r_i\|=0\\ \lim\limits_{t\to\infty}\|v_j-v_i\|=0\end{cases}$$

4.3 输入饱和下二阶异构多智能体系统的一致性

本章主要研究输入饱和情况下与输入不饱和情况下二阶异构多智能体系统的一致性。首先分析输入饱和下异构多智能体系统（4.1）的一致性，受前面所述文献的启发，输入饱和协议设计如下：

$$u_i=\sum_{j=1}^{n}a_{ij}\arctan(r_j-r_i)-b_i\arctan v_i,\quad i=1,2,\cdots,n \tag{4.2}$$

其中，$A=[a_{ij}]_{n\times n}$ 表示加权邻接矩阵，$b_i>0$ 是反馈增益，注意

$$\|u_i\|_\infty\leqslant\frac{\pi}{2}\left(\sum_{j=1}^{n}a_{ij}+b_i\right)$$

这说明控制输入 u_i 是有界的，并且与初始值无关，随着时间 t 的增加控制输入不会无限制地增大，只会在有界的区间内波动。在协议（4.2）下，接下来的定理 4.1 将解决异构系统（4.1）的一致性问题。

定理 4.1 设假设 4.1 与假设 4.2 成立，在协议（4.2）下，异构系统（4.1）中的每个智能体能够达到一致状态，如果反馈增益 b_i 满足

$$b_i\geqslant\alpha_i,\quad i=k+1;k+2,\cdots,n$$

证明 在协议（4.2）下，异构系统（4.1）可以写为

$$\begin{cases}\dot{r}_i = v_i \\ \dot{v}_i = \sum_{j=1}^{n} a_{ij}\arctan(r_j - r_i) - b_i \arctan v_i, \quad i = 1,2,\cdots,k \\ \dot{r}_i = v_i \\ \dot{v}_i = \Phi_i(r_i, v_i, t) + \sum_{j=1}^{n} a_{ij}\arctan(r_j - r_i) - b_i \arctan v_i, \quad i = k+1, k+2, \cdots, n\end{cases} \tag{4.3}$$

选取 Lyapunov 函数为

$$V = \sum_{i=1}^{n}\sum_{j=1}^{n} a_{ij}\int_0^{r_j - r_i} \arctan s\mathrm{d}s + \sum_{i=1}^{n} v_i^2$$

V 正定，对其微分，得到

$$\begin{aligned}\dot{V} &= -2\sum_{i=1}^{n}\sum_{j=1}^{n} a_{ij}\arctan(r_j - r_i)v_i + 2\sum_{i=1}^{n} v_i \dot{v}_i \\ &= -2\sum_{i=1}^{k}(\dot{v}_i + b_i \arctan v_i)v_i - 2\sum_{i=k+1}^{n}(\dot{v}_i + b_i \arctan v_i - \Phi_i(r_i, v_i, t))v_i \\ &\quad + 2\sum_{i=1}^{k} v_i \dot{v}_i + 2\sum_{i=k+1}^{n} v_i \dot{v}_i \\ &= -2\sum_{i=1}^{k} b_i v_i \arctan v_i - 2\sum_{i=k+1}^{n} b_i v_i \arctan v_i + 2\sum_{i=k+1}^{n} v_i \Phi_i(r_i, v_i, t)\end{aligned}$$

通过假设 4.2，有

$$\begin{aligned}\sum_{i=k+1}^{n} v_i \Phi_i(r_i, v_i, t) &\leqslant \sum_{i=k+1}^{n} \| v_i \| \| \Phi_i(r_i, v_i, t) \| \\ &\leqslant \sum_{i=k+1}^{n} \alpha_i \| v_i \| \| \arctan v_i \| \\ &= \sum_{i=k+1}^{n} \alpha_i v_i \arctan v_i\end{aligned}$$

因此

$$\begin{aligned}\dot{V} &\leqslant -2\sum_{i=1}^{k} b_i v_i \arctan v_i - 2\sum_{i=k+1}^{n} b_i v_i \arctan v_i + 2\sum_{i=k+1}^{n} \alpha_i v_i \arctan v_i \\ &= -2\sum_{i=1}^{k} b_i v_i \arctan v_i - 2\sum_{i=k+1}^{n} (b_i - \alpha_i) v_i \arctan v_i \\ &\leqslant 0\end{aligned}$$

令 $E = \{(r_1, r_2, \cdots, r_n, v_1, v_2, \cdots, v_n) \mid \dot{V} = 0\}$ 是最大的不变集，可以看出当 $\dot{V} = 0$ 时，有 $v_i = 0$，这表明 $\sum_{j=1}^{n} a_{ij}\arctan(r_j - r_i) = 0$，于是得到如下方程：

$$\sum_{i=1}^{n}\sum_{j=1}^{n} r_i a_{ij} \arctan(r_j - r_i) = 0$$

因为通信拓扑图 G 无向，所以 $A=[a_{ij}]_{n\times n}$ 是对称矩阵，有

$$\begin{aligned}
&\sum_{i=1}^{n}\sum_{j=1}^{n}(r_j - r_i)a_{ij}\arctan(r_j - r_i)\\
&=\sum_{i=1}^{n}\sum_{j=1}^{n} r_j a_{ij}\arctan(r_j - r_i) - \sum_{i=1}^{n}\sum_{j=1}^{n} r_i a_{ij}\arctan(r_j - r_i)\\
&=-2\sum_{i=1}^{n}\sum_{j=1}^{n} r_i a_{ij}\arctan(r_j - r_i)\\
&=0
\end{aligned}$$

由 $\arctan 0 = 0$，且当 $x \neq 0$ 时，$x\arctan x > 0$，得出 $r_j = r_i$。运用 LaSalle 不变原理，可以得出如下结论：

$$\begin{cases}\lim\limits_{t\to\infty}\| r_j - r_i \| = 0\\ \lim\limits_{t\to\infty}\| v_j - v_i \| = 0\end{cases}$$

因此，在协议（4.2）下，异构系统（4.1）达到了一致。定理 4.1 证毕。

4.4　输入不饱和下二阶异构多智能体系统的一致性

接下来，分析输入不饱和下异构多智能体系统(4.2)的一致性，针对系统(4.1)，设计如下的输入不饱和协议：

$$u_i = \sum_{j=1}^{n} a_{ij}(r_j - r_i) - c_i v_i,\quad i = 1,2,\cdots,n \tag{4.4}$$

其中，$A=[a_{ij}]_{n\times n}$ 表示加权邻接矩阵；$c_i > 0$ 是反馈增益。

定理 4.2　若假设 4.1 与假设 4.3 成立，在协议（4.4）下，异构系统（4.1）中的每个智能体能够达到一致状态，如果反馈增益满足

$$c_i \geqslant \beta_i,\quad i = k+1, k+2, \cdots, n$$

证明　把式（4.4）代入式（4.1）可得

$$\begin{cases}\dot{r}_i = v_i,\quad \dot{v}_i = \sum\limits_{j=1}^{n} a_{ij}(r_j - r_i) - c_i v_i,\quad i = 1,2,\cdots,k\\ \dot{r}_i = v_i,\quad \dot{v}_i = \Phi_i(r_i, v_i, t) + \sum\limits_{j=1}^{n} a_{ij}(r_j - r_i) - c_i v_i,\quad i = k+1, k+2, \cdots, n\end{cases} \tag{4.5}$$

选取 Lyapunov 函数为

$$V = \frac{1}{2}\sum_{i=1}^{n}\sum_{j=1}^{n} a_{ij}(r_j - r_i)^2 + \sum_{i=1}^{n} v_i^2$$

V 正定，对其微分，得到

$$\begin{aligned}\dot{V}&=\sum_{i=1}^{n}\sum_{j=1}^{n}a_{ij}(r_j-r_i)(\dot{r}_j-\dot{r}_i)+2\sum_{i=1}^{n}v_i\dot{v}_i\\&=\sum_{i=1}^{n}\sum_{j=1}^{n}a_{ij}(r_j-r_i)(v_j-v_i)+2\sum_{i=1}^{n}v_i\dot{v}_i\end{aligned}\tag{4.6}$$

因为通信拓扑图 G 无向，所以 $A=[a_{ij}]_{n\times n}$ 是对称矩阵，有

$$\sum_{i=1}^{n}\sum_{j=1}^{n}a_{ij}(r_j-r_i)v_i=-\sum_{i=1}^{n}\sum_{j=1}^{n}a_{ij}(r_j-r_i)v_j\tag{4.7}$$

把式（4.7）代入式（4.6）可得

$$\begin{aligned}\dot{V}&=-2\sum_{i=1}^{n}\sum_{j=1}^{n}a_{ij}(r_j-r_i)v_i+2\sum_{i=1}^{n}v_i\dot{v}_i\\&=-2\sum_{i=1}^{k}\sum_{j=1}^{n}a_{ij}(r_j-r_i)v_i-2\sum_{i=k+1}^{n}\sum_{j=1}^{n}a_{ij}(r_j-r_i)v_i\\&\quad+2\sum_{i=1}^{k}v_i\dot{v}_i+2\sum_{i=k+1}^{n}v_i\dot{v}_i\\&=-2\sum_{i=1}^{k}v_i(\dot{v}_i+c_iv_i)-2\sum_{i=k+1}^{n}v_i(\dot{v}_i+c_iv_i-\Phi_i(r_i,v_i,t))\\&\quad+2\sum_{i=1}^{k}v_i\dot{v}_i+2\sum_{i=k+1}^{n}v_i\dot{v}_i\\&=-2\sum_{i=1}^{k}c_iv_i^2-2\sum_{i=k+1}^{n}c_iv_i^2+2\sum_{i=k+1}^{n}v_i\Phi_i(r_i,v_i,t)\end{aligned}$$

根据假设 4.3，有

$$\sum_{i=k+1}^{n}v_i\Phi_i(r_i,v_i,t)\leqslant\sum_{i=k+1}^{n}\|v_i\|\|\Phi_i(r_i,v_i,t)\|\leqslant\sum_{i=k+1}^{n}\beta_iv_i^2$$

因此

$$\begin{aligned}\dot{V}&\leqslant-2\sum_{i=1}^{k}c_iv_i^2-2\sum_{i=k+1}^{n}c_iv_i^2+\sum_{i=k+1}^{n}v_i\Phi_i(r_i,v_i,t)\\&\leqslant-2\sum_{i=1}^{k}c_iv_i^2-2\sum_{i=k+1}^{n}c_iv_i^2+\sum_{i=k+1}^{n}\beta_iv_i^2\\&=-2\sum_{i=1}^{k}c_iv_i^2-2\sum_{i=k+1}^{n}(c_i-\beta_i)v_i^2\\&\leqslant0\end{aligned}$$

令 $E=\{(r_1,r_2,\cdots,r_n,v_1,v_2,\cdots,v_n)\,|\,\dot{V}=0\}$ 是最大的不变集，显然当 $\dot{V}=0$ 时，有 $v_i=0$，这表明 $\sum_{j=1}^{n}a_{ij}(r_j-r_i)=0$，于是得到如下方程：

$$\sum_{i=1}^{n}\sum_{j=1}^{n}a_{ij}(r_j-r_i)r_j=0$$

由于矩阵 $A=[a_{ij}]_{n\times n}$ 对称，可以得出

$$\begin{aligned}\sum_{i=1}^{n}\sum_{j=1}^{n}a_{ij}(r_j-r_i)^2&=\sum_{i=1}^{n}\sum_{j=1}^{n}a_{ij}(r_j-r_i)r_j-\sum_{i=1}^{n}\sum_{j=1}^{n}a_{ij}(r_j-r_i)r_i\\&=2\sum_{i=1}^{n}\sum_{j=1}^{n}a_{ij}(r_j-r_i)r_j\\&=0\end{aligned}$$

这说明 $r_j=r_i$。应用 LaSalle 不变原理，可以得出如下结论：

$$\begin{cases}\lim\limits_{t\to\infty}\|r_j-r_i\|=0\\\lim\limits_{t\to\infty}\|v_j-v_i\|=0\end{cases}$$

至此，定理 4.2 证毕。

推论 4.1 考虑系统（4.1）有如下协议：

$$u_i=\sum_{j=1}^{n}a_{ij}g_1(r_j-r_i)-d_ig_2(v_i),\quad i=1,2,\cdots,n \tag{4.8}$$

其中，$A=[a_{ij}]_{n\times n}$ 与 d_i 分别表示加权邻接矩阵与反馈增益，设函数 $g_i:\mathbb{R}\to\mathbb{R}(i=1,2)$ 满足：

（1）$g_i(\cdot)$ 是连续函数；

（2）当 $x\neq 0$ 时，$xg_i(x)>0$；当 $x=0$ 时，$xg_i(x)=0$；

（3）$\forall x\in\mathbb{R}$，$g_i(-x)=-g_i(x)$。

如果 $\|\Phi_i(r_i,v_i,t)\|\leqslant\gamma_i\|g_2(v_i)\|$，$d_i\geqslant\gamma_i$，$i=k+1,k+2,\cdots,n$ 且假设 4.1 成立，则在协议（4.8）下，异构多智能体系统（4.1）的每一个智能体都能够达成一致。证明与定理 4.1 和定理 4.2 相似，这里省略不证。

4.5 数值仿真

在仿真部分，给出了两个具体的仿真例子来验证定理 4.1 和定理 4.2。在异构多智能体系统中，共有 5 个智能体，包括 3 个线性智能体与 2 个非线性智能体，图 4-1 展示了其通信拓扑图。设当 $\varepsilon_{ij}\in E$ 时，$a_{ij}=1$，初始位置与初始速度分别为 $r(0)=[6,3,-7,2,-5]$，$v(0)=[1,-3,5,-2,6]$。

例 4.1 非线性函数设置为 $\Phi_4(r_4,v_4,t)=2\cos r_4\sin(\arctan v_4)$，$\Phi_5(r_5,v_5,t)=-3\cos r_5\arctan v_5$，这说明 $\alpha_4=2$，$\alpha_5=3$。令 $b_1=1$，$b_2=2$，$b_3=3$，$b_4=2\geqslant\alpha_4$，$b_5=3\geqslant\alpha_5$。图 4-2 展示了在输入饱和协议（4.2）下每个智能体的位置与速度信息，图 4-3 展

示了饱和的控制输入信息。通过图 4-2 与图 4-3 可以看出，经过一定的时间后，这 5 个智能体的位置与速度已达到一致，这与定理 4.1 是相符合的。

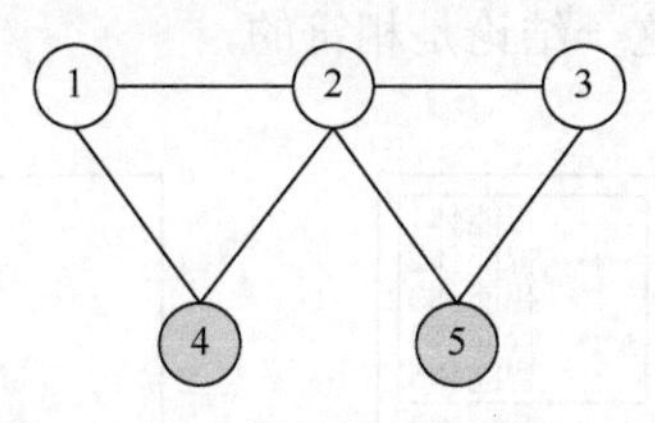

图 4-1　5 个智能体间的通信拓扑

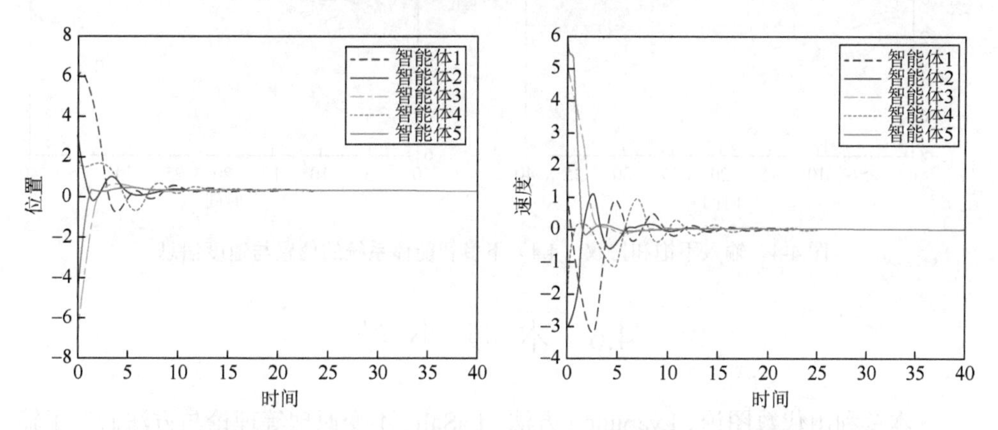

图 4-2　输入饱和协议（4.2）下多智能体系统的位置与速度信息

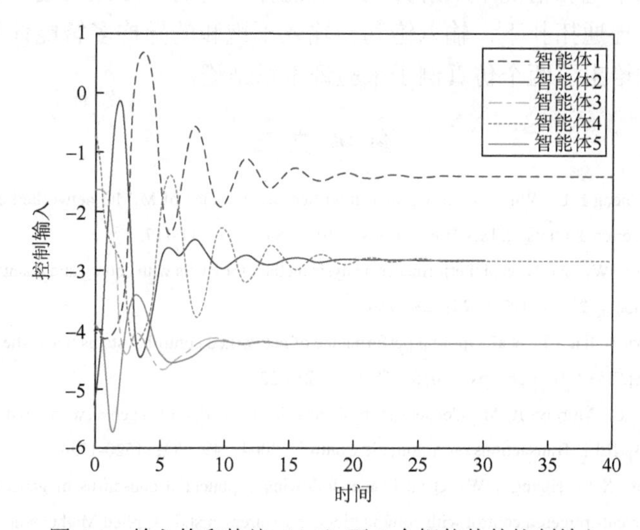

图 4-3　输入饱和协议（4.2）下 5 个智能体的控制输入

例 4.2　非线性函数设置为 $\Phi_4(r_4,v_4,t)=2\cos r_4\sin v_4$，$\Phi_5(r_5,v_5,t)=-3v_5\sin r_5$，这

说明 $\beta_4=2$，$\beta_5=3$。令 $c_1=1$，$c_2=2$，$c_3=3$，$c_4=2\geqslant\beta_4$，$c_5=3\geqslant\beta_5$。根据定理 4.2，由这 5 个智能体组成的异构多智能体系统在输入不饱和协议（4.4）下能够达到一致。图 4-4 与这一结论是相符的。

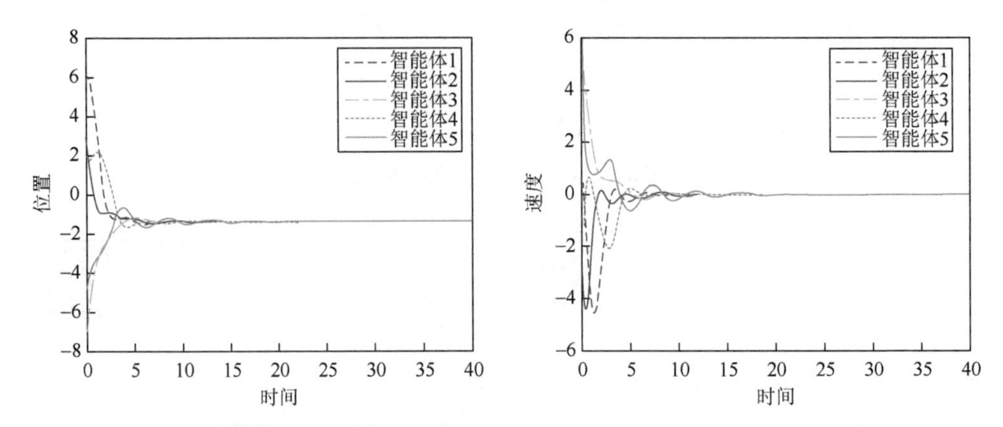

图 4-4　输入不饱和协议（4.4）下多智能体系统的位置与速度信息

4.6　本 章 小 结

本章利用代数图论、Lyapunov 方法、LaSalle 不变原理等理论与方法研究了输入饱和与输入不饱和情况下二阶异构多智能体系统的一致性问题。结果证明，在固定、无向、连通拓扑下，输入饱和与输入不饱和的异构多智能体系统均能够达到一致。同时给出了两个仿真例子来验证本章结论。

参 考 文 献

[1] Zhan X S，Cheng L L，Wu J，et al. Optimal modified performance of MIMO networked control systems with multi-parameter constraints[J]. ISA Transactions，2019，84（1）：111-117.

[2] Zhan X S，Hu J W，Wu J，et al. Performance analysis method for NCSs with coding and quantization constraints[J]. ISA Transactions，2019，107（12）：287-294.

[3] Zhan X S，Wu J，Jiang T，et al. Optimal performance of networked control systems under the packet dropouts and channel noise[J]. ISA Transactions，2015，58（5）：214-221.

[4] Olfati-Saber R，Murray R M. Consensus problems in networks of agents with switching topology and time-delays[J]. IEEE Transactions on Automatic Control，2004，49（9）：1520-1534.

[5] Zhou B，Liao X F，Huang T W，et al. Leader-following exponential consensus of general linear multi-agent systems via event-triggered control with combinational measurements[J]. Applied Mathematics Letters，2015，40：35-39.

[6] Olfati-Saber R，Flocking for multi-agent dynamics systems：Algorithms and theory[J]. IEEE Transactions on Automatic Control，2006，51（3）：401-420.

[7] Yu W，Zheng W X，Chen G，et al. Second-order consensus in multi-agent dynamical systems with sampled position data[J]. Automatica，2011，47（7）：1496-1504.

[8] Wu J，Deng Q，Han T，et al. Distributed bipartite tracking consensus of nonlinear multi-agent systems with quantized communication[J]. Neurocomputing，2020，395：78-85.

[9] Hao L L，Zhan X S，Wu J，et al. Fixed-time group consensus of nonlinear multi-agent systems via pinning control，international journal of control[J]. Automation and Systems，2021，19（1）：200-208.

[10] Wu J，Deng Q，Yan H C，et al. Bipartite consensus for second order multi-agent systems with exogenous disturbance via pinning control[J]. IEEE Access，2019，7：186563-186571.

[11] Wang L，Wu J，Zhan X S，et al. Fixed-time bipartite containment of multi-agent systems subject to disturbance[J]. IEEE Access，2020，8：77679-77688.

[12] Vicsek T，Czirok A，Ben-Jacob E，et al. Novel type of phase transitions in a system of self-driven particles[J]. Physical Review Letters，1995，75（6）：1226-1229.

[13] Yu J，Wang L. Group consensus in multi-agent systems with switching topologies and communication delays[J]. Systems and Control Letters，2010，59（6）：340-348.

[14] Hao L，Zhan X，Wu J，et al. Bipartite finite time and fixed time output consensus of heterogeneous multiagent systems under state feedback control[J]. IEEE Transactions on Circuits and Systems II：Express Briefs，2020，68（6）：2067-2071.

[15] Miao G，Ma Q. Group consensus of the first-order multi-agent systems with nonlinear input constraints[J]. Neurocomputing，2015，161：113-119.

[16] Song Q，Cao J，Yu W. Second-order leader-following consensus of nonlinear multi-agent systems via pinning control[J]. Systems and Control Letters，2010，59（9）：553-562.

[17] Su H，Chen G，Wang X，et al. Adaptive second-order consensus of networked mobile agents with nonlinear dynamics[J]. Automatica，2011，47（2）：368-375.

[18] Liu J H，Wang C L，Li X B，et al. Adaptive finite-time practical consensus protocols for second-order multiagent systems with nonsymmetric input dead zone and uncertain dynamics[J]. Journal of the Franklin Institute，2019，356（6）：3217-3244.

[19] Zhou B，Lin Z. Consensus of high-order multi-agent systems with large input and communication delays[J]. Automatica，2014，50（2）：452-464.

[20] Valcher M E，Misra P. On the consensus and bipartite consensus in high-order multi-agent dynamical systems with antagonistic interactions[J]. Systems and Control Letters，2014，66：94-104.

[21] Yang T，Meng Z，Dimarogonas D V，et al. Global consensus for discrete-time multi-agent systems with input saturation constraints[J]. Automatica，2014，50（2）：499-506.

[22] Zheng Y，Ma J，Wang L. Consensus of hybrid multi-agent systems[J]. IEEE Transactions on Neural Networks and Learning Systems，2017，29（4）：1359-1365.

[23] Zheng Y，Zhao Q，Ma J，et al. Second-order consensus of hybrid multi-agent systems[J]. Systems & Control Letters，2019，125：51-58.

[24] Han T，Guan Z H，Xiao B，et al. Distributed output consensus of heterogeneous multi-agent systems via an output regulation approach[J]. Neurocomputing，2019，360：131-137.

[25] Du H，Wen G，Wu D，et al. Distributed fixed-time consensus for nonlinear heterogeneous multi-agent systems[J]. Automatica，2020，113：1-11.

[26] Fu J，Wen G，Yu W，et al. Finite-time consensus for second-order multi-agent systems with input saturation[J].

IEEE Transactions on Circuits and Systems II：Express Briefs，2018，65（11）：1758-1762.

[27] Zheng Y，Zhu Y，Wang L，et al. Consensus of heterogeneous multi-agent systems[J]. IET Control Theory and Applications，2011，5（16）：1881-1888.

[28] Liu K，Xie G，Ren W，et al. Consensus for multi-agent systems with inherent nonlinear dynamics under directed topologies[J]. Systems and Control Letters，2013，62（2）：152-162.

[29] Hong H，Yu W，Fu J，et al. A novel class of distributed fixed-time consensus protocols for second-order nonlinear and disturbed multi-agent systems[J]. IEEE Transactions on Network Science and Engineering，2018，6（4）：760-772.

第5章 基于扰动观测器的二阶多智能体系统二部一致性

5.1 引 言

过去十年，复杂系统包括神经网络和多智能体系统吸引了一大批现代科技工作者的兴趣。与神经网络相比，多智能体系统不仅可以为用科学技术研究复杂问题提供丰富的理论基础，还有助于理解大自然的发展规律。目前，关于多智能体的协调控制研究已比较成熟。其中，一致性问题是协调控制最基础、重要的问题，其旨在设计合适的协议通过与相邻智能体交互最终达到相同的状态。特别地，领导跟随一致性是一致性的特殊情况，即有领导个体。Xu 等[1]基于事件触发，分析了多智能体系统在切换与固定拓扑下的领导跟随一致性。Song 等[2]利用牵制方法达到了二阶多智能体系统的一致性，通过所提算法与牵制控制器，在只牵制系统的一部分主体下所有智能体渐近收敛到相同数值。

大多数的实际网络中扰动不可避免，并且会对系统的性能造成坏的影响。在实际工程中，通常将噪声、机械摩擦以及电气系统中的负载变化建模成扰动。随着现代工程技术的迅猛发展，对具有扰动多智能体性能的研究这件事越来越侧重控制的精度，这反映了对扰动的解决无论工程应用还是理论研究，都显得尤为紧迫。Lin 等[3]利用 H_∞ 理论设计基于扰动的分布式协议，使多智能体系统在固定与切换拓扑下达到一致性。Bhowmick 等[4]利用输出反馈很好地补偿了系统里的扰动，达到了系统的二部一致性。值得注意的是，以上扰动都具有已知的上界。当扰动由外部系统建模时，Wu 等[5]和 Su[6]分别利用扰动观测器方法和内模原理补偿了多智能体系统的未知扰动，实现了一致性。以上研究成果考虑的是无穷时间，为达到更优性能的一致性，Zhao 等[7]基于滑模控制抑制了外部扰动，而且实现了系统的固定时间一致性。

本章在扰动观测器下，利用利普希茨条件旨在达到非线性受扰多智能体系统的二部一致性。通过扰动观测器很好地跟踪观测扰动信号，推导出在只有部分智能体可以接收到参考模型的信号时，该二阶领导者-跟随者系统满足二部一致性时的条件。

5.2 问题描述

假设本章考虑一组非线性受扰多智能体系统，其二阶微分数学方程可以表示成

$$\text{跟随者：}\begin{cases}\dot{r}_i = v_i \\ \dot{v}_i = f(r_i, v_i) + u_i + G_0 w_i\end{cases} \tag{5.1}$$

$$\text{领导者：}\begin{cases}\dot{r}_0 = v_0 \\ \dot{v}_0 = f(r_0, v_0)\end{cases} \tag{5.2}$$

其中，$r_i \in \mathbb{R}^m$、$v_i \in \mathbb{R}^m$ 和 $u_i \in \mathbb{R}^m$ 分别代表智能体 i 的位置、速度以及输入；G_0 是已知的常数矩阵；$f: \mathbb{R}^m \times \mathbb{R}^m \to \mathbb{R}^m$ 是一个非线性函数，其连续可微代表了智能体的固有动力学；$r_0 \in \mathbb{R}^m$ 和 $v_0 \in \mathbb{R}^m$ 分别表示领导者的位置和速度信息；w_i 是由如下外系统生成的干扰信号：

$$\begin{cases}\dot{\xi}_i = A\xi_i \\ w_i = C\xi_i\end{cases} \tag{5.3}$$

其中，$\xi_i \in \mathbb{R}^{m_2}$ 是外系统的状态；$A^{m_2 \times m_2}$ 和 $C^{m \times m_2}$ 是已知的常数矩阵且 (A, C) 是可观测的。

假设 5.1　在系统（5.1）与（5.2）中，非线性函数 $f(r_i, v_i)$ 是一个奇函数，那么存在 $f(-r_i, -v_i) = -f(r_i, v_i)$。

假设 5.2　存在非负常数 $r_1, r_2, v_1, v_2 \in \mathbb{R}^m$，使得如下不等式：

$$\begin{aligned}&(r_1 - r_2)^{\mathrm{T}}(f(r_1, v_1) - f(r_2, v_2)) \\ \leqslant\ & h_1(r_1 - r_2)^{\mathrm{T}}(r_1 - r_2) + h_2(v_1 - v_2)^{\mathrm{T}}(v_1 - v_2) \\ &(v_1 - v_2)^{\mathrm{T}}(f(r_1, v_1) - f(r_2, v_2)) \\ \leqslant\ & h_3(r_1 - r_2)^{\mathrm{T}}(r_1 - r_2) + h_4(v_1 - v_2)^{\mathrm{T}}(v_1 - v_2)\end{aligned}$$

成立。

注释 5.1　实际上，假设 5.2 是半利普希茨条件，适用于洛伦兹系统和蔡氏振荡器等。

假设 5.3　给定通信符号图 $\mathcal{G}$ 是连通的，且结构平衡。

定义 5.1　考虑系统（5.1）与（5.2），如果对于任意轨迹 r_0，v_0：

$$\begin{cases}\lim\limits_{t\to\infty} \| r_i - r_0 \| = 0, & i \in v_1 \\ \lim\limits_{t\to\infty} \| r_i + r_0 \| = 0, & i \in v_2\end{cases}$$

$$\begin{cases}\lim\limits_{t\to\infty} \| v_i - v_0 \| = 0, & i \in v_1 \\ \lim\limits_{t\to\infty} \| v_i + v_0 \| = 0, & i \in v_2\end{cases}$$

那么就说该系统渐近达到二部一致性。

引理 5.1　对于所给的对称矩阵$\begin{bmatrix} J_{11} & J_{12} \\ J_{21} & J_{22} \end{bmatrix} < 0$，下面两个描述等价：

$$(1) J_{11} > 0, \quad J_{22} - J_{21} J_{11}^{-1} J_{12} > 0$$

$$(2) J_{22} > 0, \quad J_{11} - J_{12} J_{22}^{-1} J_{21} > 0$$

引理 5.2　任意给定四个相同维数的矩阵 A, B, C, D，有

$$(1)(A+B) \otimes C = A \otimes C + B \otimes C$$

$$(2)(A \otimes B)(C \otimes D) = (AC) \otimes (BD)$$

5.3 主 要 结 论

本节考虑扰动观测器，分析二阶领导者-跟随者多智能体系统的二部一致性。设计如下控制协议：

$$\begin{aligned} u_i = & -\alpha \sum_{j=1}^{N} |a_{ij}| ((r_i - \operatorname{sgn}(a_{ij}) r_j) + (v_i - \operatorname{sgn}(a_{ij}) v_j)) \\ & - \alpha s_i ((r_i - d_i r_0) + (v_i - d_i v_0)) - G_0 w_i^* \end{aligned} \tag{5.4}$$

其中，$\alpha > 0$，若智能体为牵制个体，则 $s_i > 0, i = 1, 2, \cdots, l$，否则 $s_i = 0, i = l+1, \cdots, N$。

令 $y_i = (r_i, v_i)^{\mathrm{T}}$，则多智能体系统可以记为

$$\dot{y}_i = L_i y_i + H_i u_i + G_i w_i$$

其中，$H_i = [0, I_m]^{\mathrm{T}} \in \mathbb{R}^{2m \times m}$；$G_i = [0, G_0]^{\mathrm{T}} \in \mathbb{R}^{2m \times m}$；$L_i$ 是下列矩阵的子矩阵，其行是从下面矩阵的 $(i-1)m+1$ 到 im 和 $mn + m(i-1)+1$ 到 $mn + mi$ 挑选的：

$$\begin{bmatrix} 0 & I_n \otimes I_m \\ -\alpha(\mathcal{L} + S) \otimes I_m & -\alpha(\mathcal{L} + S) \otimes I_m \end{bmatrix}$$

对第 i 个智能体给出以下扰动观测器：

$$\begin{cases} \dot{z}_i = (A + KG_i C)(z_i - Ky_i) + K(L_i y + H_i u_i) \\ \hat{\xi}_i = z_i - Ky_i \\ w_i^* = C\hat{\xi}_i \end{cases} \tag{5.5}$$

其中，$\hat{\xi}_i$ 和 w_i^* 分别为 ξ_i 和 w_i 的估计值；$K \in \mathbb{R}^{m_2 \times 2m}$ 为待设计的增益矩阵。

令扰动估计误差为

$$e_i = \xi_i - \hat{\xi}_i$$

结合式（5.3）、式（5.4）和式（5.5），有

$$\dot{e}_i = (A + KC) e_i \tag{5.6}$$

引理 5.3　考虑多智能体系统（5.1）和（5.2），误差系统（5.6）是全局稳定

的，当且仅当有增益矩阵 K 满足以下条件：

$$A + KG_iC < 0$$

定理 5.1 若假设 5.1、假设 5.2 和假设 5.3 成立，在控制协议（5.4）下，若存在矩阵 $P > 0$，使得以下条件成立：

$$\Sigma = \begin{bmatrix} W & \dfrac{\Pi}{2} \\ \dfrac{\Pi^{\mathrm{T}}}{2} & I_n \otimes H \end{bmatrix} < 0 \tag{5.7}$$

其中

$$W = \begin{bmatrix} (\rho I_N - \alpha(\mathcal{L} + S)) \otimes I_m & 0 \\ 0 & (\rho I_N - \alpha(\mathcal{L} + S)) \otimes I_m \end{bmatrix}$$

$$\rho = \max\{h_1 + h_3, h_2 + h_4 + 1\}$$

$$\Pi = [0, \Psi] \otimes G_0 C$$

$$\Psi = \begin{bmatrix} \alpha(\mathcal{L} + \mathcal{L}) + 2\alpha S & I_N \\ I_N & I_N \end{bmatrix}$$

$$H = \overline{A}^{\mathrm{T}} P + P\overline{A}$$

$$\overline{A} = A + KG_iC$$

则多智能体系统（5.1）和（5.2）可以达到二部一致性。

证明 由于 $\mathrm{sgn}(a_{ij})d_i = d_j$，有

$$\begin{aligned} u_i = & -\alpha\sum_{j=1}^{N} |a_{ij}|((r_i - d_i r_0) - \mathrm{sgn}(a_{ij})(r_j - d_i r_0) \\ & + ((v_i - v_i r_0) - \mathrm{sgn}(a_{ij})(v_j - v_i r_0))) \\ & - \alpha s_i((r_i - d_i r_0) + (v_i - d_i v_0)) - w_i^* \end{aligned} \tag{5.8}$$

令 $\tilde{r}_i = r_i - d_i r_0$，$\tilde{v}_i = v_i - d_i v_0$。由式（5.1）、式（5.2）和式（5.8），可以得到

$$\begin{cases} \dot{\tilde{r}}_i = \tilde{v}_i \\ \dot{\tilde{v}}_i = -\alpha\displaystyle\sum_{j=1}^{N} |a_{ij}|((\tilde{r}_i - \mathrm{sgn}(a_{ij})\tilde{r}_j) + (\tilde{v}_i - \mathrm{sgn}(a_{ij})\tilde{v}_j)) \\ \qquad - \alpha s_i(\tilde{r}_i + \tilde{r}_j) + f(r_i, v_i) - d_i f(r_0, v_0) + G_0 C e_i \end{cases} \tag{5.9}$$

将式（5.9）写成如下矩阵形式：

$$\begin{aligned} \dot{\tilde{r}} &= \tilde{v} \\ \dot{\tilde{v}} &= -(\alpha(\mathcal{L} + S) \otimes I_m)(\tilde{r} + \tilde{v}) + F(r, v) \\ &\quad - D1_N \otimes f(r_0, v_0) + (I_N \otimes G_0 C)e \end{aligned}$$

其中，$\tilde{r}$ 和 $\tilde{v}$ 分别是 $\tilde{r}_i$ 和 $\tilde{v}_i$ 的列堆栈向量。

令 $\tilde{y} = (\tilde{r}^{\mathrm{T}}, \tilde{v}^{\mathrm{T}})^{\mathrm{T}}$，可知

$$\dot{\tilde{y}} = F + B\tilde{y} + \Gamma e \tag{5.10}$$

其中

$$F(r,v,r_0,v_0) = \begin{bmatrix} 0 \\ F(r,v) - D1_N \otimes f(r_0,v_0) \end{bmatrix}$$

$$B = \begin{bmatrix} 0_N & I_N \\ -\alpha(\mathcal{L}+S)\otimes I_m & -\alpha(\mathcal{L}+S)\otimes I_m \end{bmatrix}$$

$$\Gamma = [0, I_n]^{\mathrm{T}} \otimes G_0 C$$

构造如下 Lyapunov 函数：

$$V = \frac{1}{2}\tilde{y}^{\mathrm{T}}(\Psi \otimes I_m)\tilde{y} + \sum_{i=1}^{N} e_i^{\mathrm{T}} P e_i \tag{5.11}$$

其中

$$\Psi = \begin{bmatrix} \alpha(\mathcal{L}+\mathcal{L}) + 2\alpha S & I_N \\ I_N & I_N \end{bmatrix}$$

根据引理 5.2 和条件（5.7），可知$\Sigma < 0$等价于$W < 0$，进一步得到

$$\rho I_N - \alpha(\mathcal{L}+S) < 0$$

因此，有

$$\alpha(\mathcal{L}+\mathcal{L}^{\mathrm{T}}) + 2\alpha S > 0$$

这表明$\Psi > 0$和$V \geqslant 0$。

对式（5.11）求导可得

$$\dot{V}_1 = \tilde{y}^{\mathrm{T}}(\Psi \otimes I_n)\tilde{y}(F(r,v,r_0,v_0) + B\tilde{y}) \tag{5.12}$$

$$\dot{V}_2 = \tilde{y}^{\mathrm{T}}([0,\Psi]^{\mathrm{T}} \otimes G_0 C)e + \sum_{i=1}^{N} e_i^{\mathrm{T}}(\bar{A}^{\mathrm{T}}P + P\bar{A})e_i \tag{5.13}$$

由假设 5.1，式（5.12）进一步写为

$$\begin{aligned}
\dot{V}_1 = {} & \tilde{r}(\alpha(\mathcal{L}+\mathcal{L}^{\mathrm{T}}+2S)\otimes I_m)\tilde{v} - \tilde{r}^{\mathrm{T}}((\alpha(\mathcal{L}+S)\otimes I_m)(\tilde{r}+\tilde{v})) \\
& + \tilde{r}^{\mathrm{T}}(F(r,v) - D1_N \otimes f(r_0,v_0)) + \tilde{v}^{\mathrm{T}}\tilde{v} \\
& + \tilde{v}^{\mathrm{T}}(F(r,v) - D1_N \otimes f(r_0,v_0)) \\
& - \tilde{v}^{\mathrm{T}}((\alpha(\mathcal{L}+S)\otimes I_m)(\tilde{r}+\tilde{v})) \\
= {} & -\tilde{r}^{\mathrm{T}}(\alpha(\mathcal{L}+S)\otimes I_m)\tilde{r} + \tilde{v}^{\mathrm{T}}((I_N - \alpha(\mathcal{L}+S))\otimes I_m)\tilde{v}^{\mathrm{T}} \\
& + \sum_{i=1}^{N}\tilde{r}_i^{\mathrm{T}}(f(r_i,v_i) - f(\overline{r_0},\overline{v_0})) \\
& + \sum_{i=1}^{N}\tilde{v}_i^{\mathrm{T}}(f(r_i,v_i) - f(\overline{r_0},\overline{v_0}))
\end{aligned}$$

其中，$\overline{r_0} = d_i r_0$；$\overline{v_0} = d_i v_0$。

根据引理 5.2，得到

$$
\begin{aligned}
\dot{V}_1 &\leqslant \tilde{r}^{\mathrm{T}}((h_1+h_3)-\alpha(\mathcal{L}+S)\otimes I_n)\tilde{r} \\
&\quad +\tilde{v}^{\mathrm{T}}((((h_2+h_4+1)I_N-\alpha(\mathcal{L}+S))\otimes I_n)\tilde{v}^{\mathrm{T}} \\
&\leqslant \tilde{r}^{\mathrm{T}}(\rho-\alpha(\mathcal{L}+S)\otimes I_n)\tilde{r} \\
&\quad +\tilde{v}^{\mathrm{T}}((\rho I_N-\alpha(\mathcal{L}+S))\otimes I_n)\tilde{v}^{\mathrm{T}} \\
&= \tilde{y}^{\mathrm{T}}W\tilde{y}
\end{aligned} \tag{5.14}
$$

借助式（5.12）、式（5.13）和式（5.14），可得

$$
\begin{aligned}
\dot{V} &= \tilde{y}^{\mathrm{T}}W\tilde{y}+\tilde{y}^{\mathrm{T}}\Pi e+\sum_{i=1}^{N}e_i^{\mathrm{T}}(\bar{A}^{\mathrm{T}}P+P\bar{A})e_i \\
&= (\tilde{y}^{\mathrm{T}},e^{\mathrm{T}})\Sigma\begin{pmatrix}\tilde{y}\\ e\end{pmatrix}
\end{aligned}
$$

由条件（5.7）即有$\dot{V}\leqslant 0$，$\dot{V}=0$当且仅当$\tilde{y}=0$和$e=0$，即$\tilde{r}=0$和$\tilde{v}=0$。根据 LaSalle 不变原理，可以得到当$t\to\infty$时，$\|r_i-d_ir_0\|=0$和$\|v_i-d_iv_0\|=0$，$i=1,2,\cdots,N$。定理得证。

注释 5.2　关于牵制控制问题，大多数文献是在无符号图下选择牵制节点并设计控制器增益。本章是在符号图下利用牵制控制方法通过转换设计出牵制节点和控制增益并解决了二部一致性问题。

注释 5.3　在许多实际系统里，多智能体具有非线性动力学的特性且一般使用动态增益技巧处理该非线性。当非线性多智能体系统存在扰动时，如何抵御扰动是一个很重要的问题，故研究具有扰动的非线性多智能体系统是具有挑战和意义的。

5.4　数 值 仿 真

本节通过算法仿真来证明本章给出的扰动观测器算法的可行性。考虑由八个智能体组成的符号网络，图 5-1 所示为其通信拓扑结构，其中实线代表正权重边，虚线代表负权重边。显然地，图 5-1 是结构平衡拓扑，可以划分成$\mathcal{V}_1=\{1,2,5,6\}$，$\mathcal{V}_2=\{3,4,7,8\}$两个集合。通过计算，拉普拉斯矩阵$\mathcal{L}$为

$$
\mathcal{L}=\begin{bmatrix}
1 & 0 & 0 & 0 & 0 & -1 & 0 & 0 \\
0 & 1 & 0 & 0 & 0 & -1 & 0 & 0 \\
0 & 1 & 4 & -1 & 0 & 1 & 0 & -1 \\
0 & 0 & -1 & 1 & 0 & 0 & 0 & 0 \\
0 & 0 & 0 & 0 & 1 & -1 & 0 & 0 \\
-1 & 0 & -1 & 0 & -1 & 4 & 1 & 0 \\
0 & 0 & -1 & 0 & 0 & 1 & 2 & 0 \\
0 & 0 & 0 & 0 & 0 & 0 & -1 & 1
\end{bmatrix}
$$

且 $D = \mathrm{diag}(1,1,-1,-1,1,1,-1,-1)$。

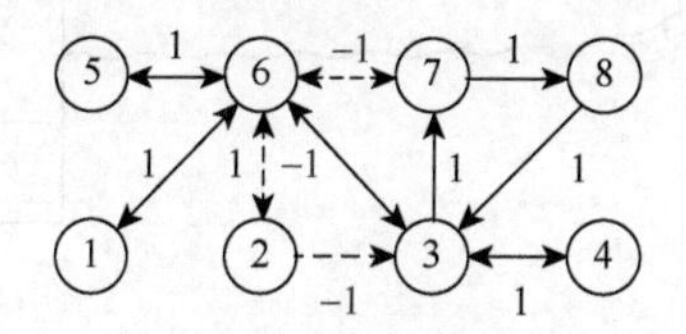

图 5-1　含有八个智能体的通信拓扑

选择智能体 3、7 和 8 为牵制对象。非线性函数为

$$f(r_i,v_i)=\begin{bmatrix} k_1(v_{i2}-v_{i1}-\theta(v_{i1})) \\ v_{i1}-v_{i2}+v_{i3} \\ -k_2v_{i2}-k_3v_{i3} \end{bmatrix}$$

其中，$k_1=10$；$k_2=19.53$；$k_3=0.1636$；$\theta(v_{i1})=-0.7831v_{i1}-0.3247(|v_{i1}+1|-|v_{i1}-1|)$。根据假设 5.1，$h_1+h_3=11.2845$，$h_2+h_4=32.1$，$\rho=33.1$。假设矩阵 $G_0=1$，分别任意地抽选多智能体的初始位置和速度在 $[1,8]$ 与 $[-1,6]$ 中。考虑外系统的参数为 $A=\begin{bmatrix} 0 & 2 \\ -2 & 0 \end{bmatrix}$、$C=[1,0]$ 和 $\xi_i=[0.6\sin 2, 0.6\cos 2]^{\mathrm{T}}$，如图 5-2 和图 5-3 所示，系统达到二部一致性。通过求解矩阵不等式(5.7)可以得到 $P=\begin{bmatrix} 1 & -1 \\ -1 & 2 \end{bmatrix}$，$K=\begin{bmatrix} 1 & -3 \\ 2 & 1 \end{bmatrix}$。图 5-4、图 5-5、图 5-6 以及图 5-7 分别表示对智能体 1、2、3 与 4 的外系统的输出扰动信号的估计。

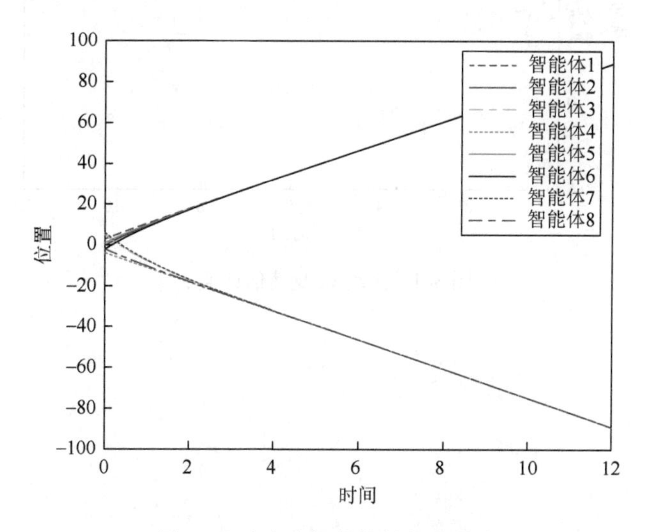

图 5-2　八个多智能体的状态轨线

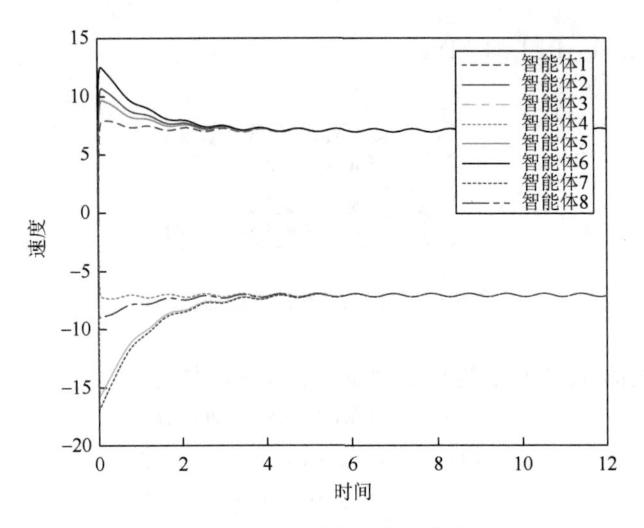

图 5-3　八个多智能体的速度轨线

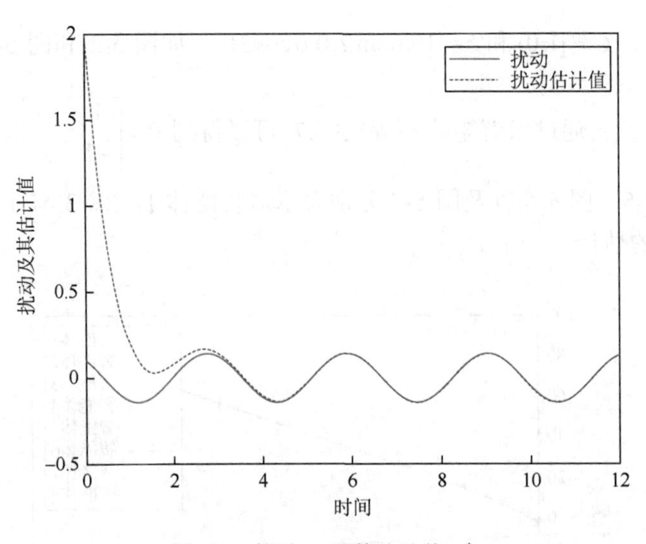

图 5-4　扰动 w_1 及其估计值 w_1^*

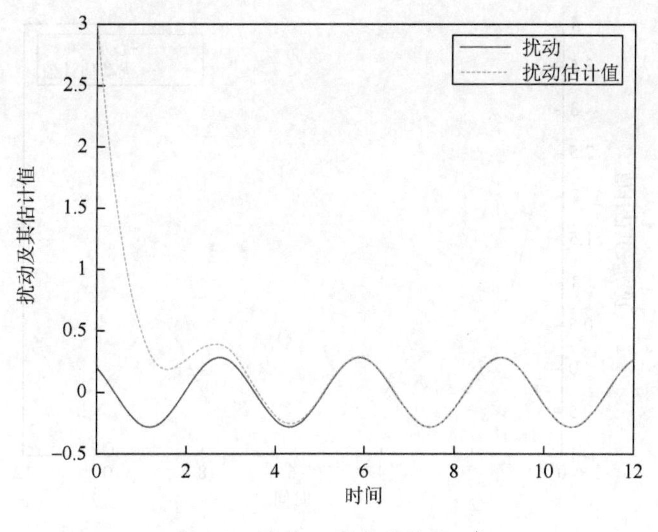

图 5-5　扰动 w_2 及其估计值 w_2^*

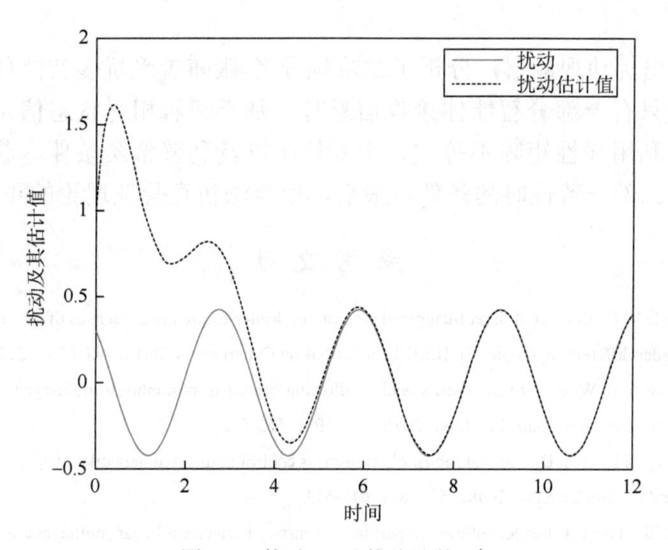

图 5-6　扰动 w_3 及其估计值 w_3^*

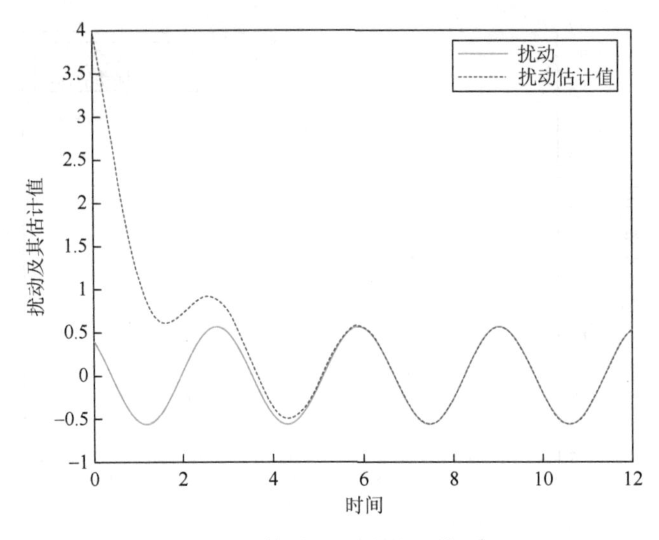

图 5-7　扰动 w_4 及其估计值 w_4^*

5.5　本 章 小 结

本章给出扰动观测器，分析了二阶领导者-跟随者受扰多智能体系统的二部一致性。当只有一部分智能体接收信息时，基于邻居相对状态信息设计二部一致性协议，利用线性矩阵不等式、牵制控制以及利普希茨条件，获得了多智能体系统达到二部一致性时的条件。最后，用算法仿真验证理论的正确性。

参 考 文 献

[1] Xu W, Ho D W C, Li L, et al. Event-triggered schemes on leader-following consensus of general linear multiagent systems under different topologies[J]. IEEE Transactions on Cybernetics，2015，47（1）：212-223.

[2] Song Q, Cao J, Yu W, et al. Second-order leader-following consensus of nonlinear multi-agent systems via pinning control[J]. Systems and Control Letters，2010，59（9）：553-562.

[3] Lin P, Jia Y, Li L, et al. Distributed robust H_∞ consensus control in directed networks of agents with time-delay[J]. Systems and Control Letters，2008，57（8）：643-653.

[4] Bhowmick S，Panja S. Leader-follower bipartite consensus of uncertain linear multiagent systems with external bounded disturbances over signed directed graph[J]. IEEE Control Systems Letters，2019，3（3）：595-600.

[5] Wu J，Deng Q，Han T，et al. Bipartite tracking consensus for multi-agent systems with Lipschitz-type nonlinear dynamics[J]. Physica A：Statistical Mechanics and its Applications，2019，525：1360-1369.

[6] Su Y. Leader-following rendezvous with connectivity preservation and disturbance rejection via internal model approach[J]. Automatica，2015，57：203-212.

[7] Zhao L, Yu J, Lin C, et al. Distributed adaptive fixed-time consensus tracking for second-order multi-agent systems using modified terminal sliding mode[J]. Applied Mathematics and Computation，2017，312：23-35.

第6章　基于事件触发的多智能体系统固定时间二部一致性

6.1　引　　言

在过去的几年中，多智能体系统的协同控制问题一直是热门话题，它在许多领域都有应用，如无人驾驶、分布式传感器网络[1-4]。一致性问题是协同控制的最基本、最关键的问题，引起了研究人员的高度关注。一致性是指智能体在协议的影响下收敛到预定状态。在多智能体一致性控制中，通过取得一些重要成果，可以建立一致性控制的理论框架[5-7]。

在自然界中，动物之间不仅存在合作关系，而且存在竞争关系。为了描述这种现象，可以使用一个拮抗网络来实现二部一致性。研究者使用拓扑图中边权重的正或负来表示合作或竞争。在文献[8]～[12]中，研究了具有拮抗作用的网络，这一问题迅速成为研究人员关注的焦点。例如，在文献[8]中，Altafini 首先提出了二部一致性的概念。在文献[9]中，Valcher 等针对高阶系统提出了一种新型的二部一致性控制协议。文献[10]中提出了一种通过状态反馈和输出反馈来解决二部一致性问题的算法。在文献[11]中，Wen 等将双边一致性控制应用于领导者-跟随者模型。此外，不连续协议被用来完成双边一致性共识。

在对协议进行分析时，收敛速度是一个重要的因素。现有的一些两方共识算法只能保证文献[13]的准确性和文献[14]的抗干扰能力，但不能保证收敛速度。文献[15]～[17]只能得到渐近收敛控制。与渐近收敛控制相比，有限时间控制具有更快的收敛速度。同时与渐近收敛控制[18-22]相比，有限时间控制具有更好的抗干扰能力和抗不确定性的鲁棒性。然而，有限时间控制的缺点是收敛时间依赖于智能体的初始值。在现实中，智能体的初始值很难提前得到，限制了其应用。因此出现了定时稳定性理论，表明达成共识设定的时间与协议参数有关，与智能体初始值[23-27]无关。

近年来，在许多实用的多智能体系统中，通信带宽和性能不可避免地受到限制。因此，设计共识协议需要在保证快速收敛的同时尽可能减少通信资源的使用。传统的采样方法是定时周期采样，但这种定时周期采样方法会浪费更多的计算资源和通信资源。在文献[28]中，详细介绍了多智能体系统的事件触发协调共识控制。文献[29]中考虑了事件触发的多智能体系统的定时一致性。此外，文献[30]中提出了一种基于动态事件触发机制的分布式观测器。在文献[31]中，通过事件触发输出反馈调节，解决了线性多智能体系统的二部共识问题。事件触发机制可以有效地克服这些缺点，因此将通过事件触发机制来解决固定时间二部共识问题。过去关于固定时间二部一致性的研究，没有使用事件触发机制。

6.2 问 题 描 述

将使用事件触发机制来解决有无扰动的多智能体固定时间二部一致性问题。在无向连接结构平衡的拓扑图下考虑的多智能体系统（6.1）中第 i 个智能体动力学模型为

$$x_i(t) = u_i(t) + d_i(t) \tag{6.1}$$

其中，$x_i(t)$ 是状态变量；$u_i(t)$ 是一致性协议；$d_i(t)$ 是系统扰动，使得 $|d_i(t)| \leqslant \gamma$ 并且 $\gamma \geqslant 0$。

引理 6.1　结构平衡图 G 是连接的，存在 $D = \{D = \mathrm{diag}(d_1, d_2, \cdots, d_N), d_i \in \{-1, +1\}\}$，其中 D 分为两部分，使得 $V_1 = \{i \mid d_i > 0\}$ 和 $V_2 = \{i \mid d_i < 0\}$，DAD 是一个非负矩阵。

引理 6.2[5]　G 是一个结构平衡的连接图，图 G 的拉普拉斯矩阵 L 有如下的一些属性。对于任何的 $x = [x_1, x_2, \cdots, x_n]$，$x^{\mathrm{T}} L x = \dfrac{1}{2}\sum_{i=1}^{N}\sum_{j=1}^{N} a_{ij}(x_i - x_j)^2$。$L$ 是半正定矩阵，将它的特征值用 $0, \lambda_2, \lambda_3, \cdots, \lambda_n$ 表示，满足 $0 \leqslant \lambda_2 \leqslant \cdots \leqslant \lambda_n$。同时，如果 $1^{\mathrm{T}} x = 0$ 可以得到 $x^{\mathrm{T}} L x \geqslant \lambda_2 x^{\mathrm{T}} x$。

引理 6.3[32]　给定标量系统：

$$\dot{z} = -\beta z^{\frac{r}{\varepsilon}} - \gamma z^{\frac{q}{p}}$$

其中，β，$\gamma > 0$；r, ε, p 和 q 均为正奇数整数，满足 $r > \varepsilon$ 和 $p > q$，则系统方程为固定时间稳定，有一个稳定时间 T 使得 $T < \dfrac{1}{\beta}\dfrac{r}{r-\varepsilon} + \dfrac{1}{\gamma}\dfrac{p}{p-q}$。

引理 6.4[8]　如果 $\xi_1, \xi_2, \cdots, \xi_m$ 和 $0 \leqslant p \leqslant 1$，则

$$\left(\sum_{i=1}^{m} \xi_i\right)^p \leqslant \sum_{i=1}^{m} \xi_i^p$$

如果 $\xi_1, \xi_2, \cdots, \xi_m$ 和 $q \geqslant 1$，则

$$m^{1-q}\left(\sum_{i=1}^{m}\xi_i\right)^q \leqslant \sum_{i=1}^{m}\xi_i^p \leqslant \left(\sum_{i=1}^{m}\xi_i\right)^q$$

6.3　主 要 结 论

事件触发的控制协议具有如下形式：

$$\begin{aligned}u_i(t) = &-\alpha\left(\sum_{j=1}^{n}a_{ij}(x_i(t_k^i)-\mathrm{sign}(a_{ij})x_j(t_k^j))\right)^{2-\frac{p}{q}} - \beta\left(\sum_{j=1}^{n}a_{ij}(x_i(t_k^i)-\mathrm{sign}(a_{ij})x_j(t_k^j))\right)^{\frac{p}{q}}\\ &-\gamma\mathrm{sign}\left(\sum_{j=1}^{n}a_{ij}(x_i(t_k^i)-\mathrm{sign}(a_{ij})x_j(t_k^j))\right)^{2-\frac{p}{q}}\end{aligned} \tag{6.2}$$

其中，$\alpha>0,\beta>0,q<p,\gamma\geqslant|d_i|$ 和 p,q 是正奇数；$x_i(t_k^i)$ 表示智能体 i 的最后一次触发时刻的状态；$x_j(t_k^j)$ 表示智能体 j 的最后一次触发时刻的状态。使用 $e_i(t)$ 来表示智能体 i 的测量误差：

$$\begin{aligned}e_i(t) = &-\alpha\left(\sum_{j=1}^{n}a_{ij}(x_i(t_k^i)-\mathrm{sign}(a_{ij})x_j(t_k^j))\right)^{2-\frac{p}{q}} - \beta\left(\sum_{j=1}^{n}a_{ij}(x_i(t_k^i)-\mathrm{sign}(a_{ij})x_j(t_k^j))\right)^{\frac{p}{q}}\\ &-\gamma\mathrm{sign}\left(\sum_{j=1}^{n}a_{ij}(x_i(t_k^i)-\mathrm{sign}(a_{ij})x_j(t_k^j))\right)^{2-\frac{p}{q}} + \alpha\left(\sum_{j=1}^{n}a_{ij}(x_i(t)-\mathrm{sign}(a_{ij})x_j(t))\right)^{2-\frac{p}{q}}\\ &+\beta\left(\sum_{j=1}^{n}a_{ij}(x_i(t)-\mathrm{sign}(a_{ij})x_j(t))\right)^{\frac{p}{q}} + \gamma\mathrm{sign}\left(\sum_{j=1}^{n}a_{ij}(x_i(t)-\mathrm{sign}(a_{ij})x_j(t))\right)^{2-\frac{p}{q}}\end{aligned} \tag{6.3}$$

使用如下的事件触发函数：

$$f_i(t,e_i(t)) = |e_i(t)| - c_0\mathrm{e}^{-c_1 t} \tag{6.4}$$

在常数 $c_0>0$ 和 $c_1>0$ 的情况下，触发函数 $f_i(t,e_i(t))$ 用于确定智能体 i 的触发时间，并且智能体 i 的控制器只能在 $t_i^0,t_i^1,\cdots$ 等触发时间进行更新。另外，智能体 i 使用智能体邻居信息的最新测量值进行更新。

注释 6.1　与普通的二部一致性协议[6]不同，事件触发的控制协议（6.2）旨在实现更少的通信。根据文献[29]中设计测量误差的方法，设计了测量误差方程（6.3）。式（6.4）是一个常见的静态事件触发函数条件。

定理 6.1　在给定具有控制器的多智能体系统的情况下，可以通过事件触发函数

（6.4）解决多智能体在任何初始值下的固定时间二部一致性问题，且设定时间 T_1 满足：

$$T_1 \leqslant \frac{1}{a}\frac{3q-p}{q-p}+\frac{1}{b}\frac{p+q}{q-p} \tag{6.5}$$

其中，$a=\alpha N^{\frac{q-p}{2q}}(2\lambda_2)^{\frac{3q-p}{2q}}$；$b=\beta\left(2\lambda_2\right)^{\frac{p+q}{2q}}$。

证明 将 $y_i(t)$ 定义为

$$y_i(t)=\sum_{j=1}^{N}a_{ij}(x_i(t)-x_i(t))$$

定义 $\tilde{x}(t)=D\tilde{x}(t),\tilde{e}(t)=D\tilde{e}(t),\tilde{u}(t)=D\tilde{u}(t)$ 和 $\tilde{L}=DLD$。

构造如下的 Lyapunov 函数：

$$V(x)=\frac{1}{2}\tilde{x}^{\mathrm{T}}(t)\tilde{L}\tilde{x}(t) \tag{6.6}$$

根据引理 6.2，可以得到

$$\lambda_2\tilde{x}^{\mathrm{T}}(t)\tilde{L}\tilde{x}(t)\leqslant\sum_{i=1}^{n}y_i^{\ 2}(t)\leqslant\lambda_N\tilde{x}^{\mathrm{T}}(t)\tilde{L}\tilde{x}(t) \tag{6.7}$$

在引理 6.2 和引理 6.4 的基础上，取式（6.6）的导数得到

$$\begin{aligned}
\dot{V}(t)&=\tilde{x}^{\mathrm{T}}(t)\tilde{L}\dot{\tilde{x}}(t)\\
&=\sum_{i=1}^{N}y_i(t)(\tilde{u}_i(t)+\tilde{d}_i(t))\\
&=-\sum_{i=1}^{N}y_i(t)(\tilde{e}_i(t)+\alpha\left(\sum_{j=1}^{n}a_{ij}(x_i(t)-\mathrm{sign}(a_{ij})x_j(t))\right)^{2-\frac{p}{q}}\\
&\quad+\beta\left(\sum_{j=1}^{n}a_{ij}(x_i(t)-\mathrm{sign}(a_{ij})x_j(t))\right)^{\frac{p}{q}}+\gamma\mathrm{sign}\left(\sum_{j=1}^{n}a_{ij}(x_i(t)-\mathrm{sign}(a_{ij})x_j(t))\right)^{2-\frac{p}{q}}-\tilde{d}_i(t))\\
&\leqslant|y_i(t)|(|\tilde{e}_i(t)|-|\tilde{d}_i(t)|)+y_i(t)\gamma\mathrm{sign}(y_i(t))-\alpha N^{\frac{q-p}{2q}}(2\lambda_2V)^{\frac{3q-p}{2q}}-\beta(2\lambda_2V)^{\frac{p+q}{2q}}\\
&\leqslant-\alpha N^{\frac{q-p}{2q}}(2\lambda_2V)^{\frac{3q-p}{2q}}-\beta(2\lambda_2V)^{\frac{p+q}{2q}}
\end{aligned} \tag{6.8}$$

结合引理 6.3 和式（6.8），有

$$\lim_{t\to T_1}V(t)=0 \tag{6.9}$$

同时 $T_1(x)$ 的界限为

$$T_1\leqslant\frac{1}{a}\frac{3q-p}{q-p}+\frac{1}{b}\frac{p+q}{q-p} \tag{6.10}$$

因此系统能达到二部一致性，证明完成。

定理 6.2　给定具有控制协议（6.2）的多智能体系统（6.1），则通过事件触发函数（6.4）不会发生 Zeno 行为。

证明　根据式（6.6）和式（6.7），可以得到

$$
\begin{aligned}
D^{+}|\tilde{e}_i(t)| &\leqslant |\dot{\tilde{e}}_i(t)| \\
&\leqslant \left|\alpha\left(2-\frac{p}{q}\right)y_i^{1-\frac{p}{q}}(t)+\beta y_i^{\frac{p}{q}-1}(t)\right| |\dot{y}_i(t)| \\
&\leqslant \left(\left(\frac{\alpha(2q-p)}{q}\right)(2\lambda_N V(0))^{\frac{2q-p}{2q}}+\frac{\beta p}{q}(2\lambda_N V(0))^{\frac{p-q}{2q}}\right) \\
&\quad \times\left|\sum_{j=1}^{N}a_{ij}(\dot{x}_i(t)-\dot{x}_j(t))\right| \\
&\leqslant (\rho_1+\rho_2)\left|\sum_{j=1}^{N}(u_i(t)-u_j(t))\right|
\end{aligned}
\tag{6.11}
$$

其中

$$
\rho_1=\left(\frac{\alpha(2q-p)}{q}\right)(2\lambda_N V(0))^{\frac{2q-p}{2q}} \tag{6.12}
$$

$$
\rho_2=\frac{\beta p}{q}(2\lambda_N V(0))^{\frac{p-q}{2q}} \tag{6.13}
$$

另外，定义

$$
\begin{aligned}
\rho_3 = \Bigg| & \alpha\left(\sum_{j=1}^{n}a_{ij}(x_i(t_{k_j}^j)-\mathrm{sign}(a_{ij})x_j(t_{k_j}^j))\right)^{2-\frac{p}{q}} \\
&+\beta\left(\sum_{j=1}^{n}a_{ij}(x_i(t_{k_j}^j)-\mathrm{sign}(a_{ij})x_j(t_{k_j}^j))\right)^{\frac{p}{q}} \\
&+\gamma\,\mathrm{sign}\left(\sum_{j=1}^{n}a_{ij}(x_i(t_{k_j}^j)-\mathrm{sign}(a_{ij})x_j(t_{k_j}^j))\right)^{2-\frac{p}{q}}\Bigg|
\end{aligned}
\tag{6.14}
$$

其中，$t_{k_j}^j$ 表示第 j 个智能体的 t 时刻。因此能够得到 $|e_i(t)|\leqslant(\rho_1+\rho_2)\rho_3(t_{k_j}^j)$。因为 $|e_i(t_k^i)|=0$，考虑式（6.11）有

$$
\begin{aligned}
|\tilde{e}_i(t)| &\leqslant \int_{t_k^i}^{t_k^{i+1}}\dot{\tilde{e}}_i(s)\mathrm{d}s \\
&\leqslant \int_{t_k^i}^{t_k^{i+1}}(\rho_1+\rho_2)\rho_3(t_{k_j}^j)\mathrm{d}s
\end{aligned}
\tag{6.15}
$$

根据触发函数 $f_i(t,e_i(t))\geqslant 0$，也就是意味着智能体 i 不会在 $f_i(t,e_i(t))=0$ 之前触发，令 $R=c_0\mathrm{e}^{-c_1 t}$，通过式（6.4）和式（6.15）可以得到

$$
\begin{aligned}
|\tilde{e}_i(t_{k+1}^i)| &= R \\
&\leqslant \int_{t_k^i}^{t_k^{i+1}} (\rho_1+\rho_2)\rho_3(t_{k_j}^j)\mathrm{d}s \\
&\leqslant \int_{t_k^i}^{t_k^{i+1}} (\rho_1+\rho_2)\rho_3(0)\mathrm{d}s
\end{aligned} \tag{6.16}
$$

从式（6.16）中可以轻松得到$t_{k+1}^i - t_k^i \leqslant \dfrac{R}{(\rho_1+\rho_2)\rho_3(0)}$，也就意味着 Zeno 行为不会发生，证明完毕。

式（6.3）和式（6.4）有一个特殊情况，即$d_i(t)=0$和$\gamma=0$。在线性系统情况下，考虑智能体i的模型：

$$
\dot{x}_i(t) = u_i(t) \tag{6.17}
$$

事件触发的控制协议具有如下形式：

$$
u_i(t) = -\alpha\left(\sum_{j=1}^{n} a_{ij}(x_i(t_k^i) - \mathrm{sign}(a_{ij})x_j(t_k^j))\right)^{2-\frac{p}{q}} - \beta\left(\sum_{j=1}^{n} a_{ij}(x_i(t_k^i) - \mathrm{sign}(a_{ij})x_j(t_k^j))\right)^{\frac{p}{q}} \tag{6.18}
$$

将智能体i的$e_i(t)$用如下的形式描述：

$$
\begin{aligned}
e_i(t) = &-\alpha\left(\sum_{j=1}^{n} a_{ij}(x_i(t_k^i) - \mathrm{sign}(a_{ij})x_j(t_k^j))\right)^{2-\frac{p}{q}} - \beta\left(\sum_{j=1}^{n} a_{ij}(x_i(t_k^i) - \mathrm{sign}(a_{ij})x_j(t_k^j))\right)^{\frac{p}{q}} \\
&+\alpha\left(\sum_{j=1}^{n} a_{ij}(x_i(t) - \mathrm{sign}(a_{ij})x_j(t))\right)^{2-\frac{p}{q}} + \beta\left(\sum_{j=1}^{n} a_{ij}(x_i(t) - \mathrm{sign}(a_{ij})x_j(t))\right)^{\frac{p}{q}}
\end{aligned} \tag{6.19}
$$

推论 6.1 在给定具有控制器的多智能体系统的情况下，可以通过事件触发函数（6.4）解决多智能体在任何初始值下的固定时间二部一致性问题，且设定时间T_2满足：

$$
T_2 \leqslant \frac{1}{a}\frac{3q-p}{q-p} + \frac{1}{b}\frac{p+q}{q-p} \tag{6.20}
$$

其中，$a = \alpha N^{\frac{q-p}{2q}}(2\lambda_2)^{\frac{3q-p}{2q}}$；$b = \beta(2\lambda_2)^{\frac{p+q}{2q}}$。

证明 为了避免重复，证明过程参照定理 6.1，在此省略。

6.4 数 值 仿 真

考虑图 6-1 中由六个智能体组成的拮抗网络，智能体的编号为 1～6。在有扰动和无扰动两种情况下，基于事件触发机制设计了固定时间二部一致性控制器。

考虑了三种类型的扰动：恒定扰动、正弦扰动和指数扰动。仿真实例证实了本章相关理论的有效性。此外，通信拓扑 L 可以设计为如下形式：

$$L=\begin{bmatrix}7 & 2 & 0 & -4 & 1 & 0\\ 2 & 6 & 1 & 0 & -3 & 0\\ 0 & 1 & 1 & 0 & 0 & 0\\ -4 & 0 & 0 & 4 & 0 & 0\\ -1 & -3 & 0 & 0 & 6 & 2\\ 0 & 0 & 0 & 0 & 2 & 2\end{bmatrix}$$

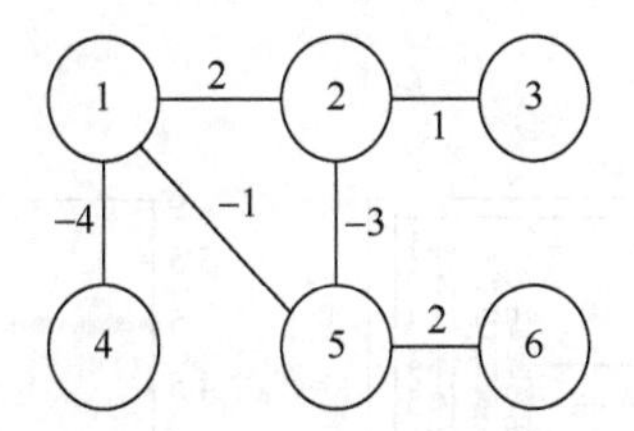

图 6-1　通信拓扑图

表 6-1 所示为不同干扰下的智能体的触发次数。

表 6-1　不同干扰下的智能体的触发次数

智能体编号	$\alpha=2$ $d(i)=0$	$\beta=2$ $d(i)=0.1$	$p=2$ $d(i)=0.1\times\sin(it)$	$q=2$ $d(i)=0.1\times e^{-it}$
1	478	543	541	473
2	400	562	491	388
3	88	383	322	85
4	241	386	341	248
5	405	500	455	391
6	104	356	311	101

例 6.1（带干扰例子）　在这种情况下，使用仿真通过事件触发的方法来说明协议（6.2）中的固定时间二部一致性，其中存在三种不同的干扰。根据定理 6.1，可以使用协议（6.2）来考虑建立时间限制，很容易得出结论，建立时间与代理的初始状态无关。为了说明在不同初始状态下的观测结果，在此给出了两个不同的初始值。

（1） $x(0)=[4,6,12,-1,7,-2]^{\mathrm{T}}$ 。

（2） $x(0)=[40,60,3,-10,7,-20]^{\mathrm{T}}$ 。

以下将考虑三种情况的干扰，以证明系统具有很强的抗干扰能力。

情况 1： $d_i(t)=0.1, i\in\{1,2,\cdots,6\}$ 。

情况 2： $d_i(t)=0.1\sin(it), i\in\{1,2,\cdots,6\}$ 。

情况 3： $d_i(t)=0.1\mathrm{e}^{-it}, i\in\{1,2,\cdots,6\}$ 。

协议（6.2）中选择参数 $\alpha=\beta=2,\gamma=0.1,p=5,q=7$ ，它们满足 $\alpha>0,\beta>0,\gamma\geqslant|d_i|$ 和 p,q 是正奇数的约束。尽管情况 1～情况 3 有所不同，但从图 6-2～图 6-7 可以看到该协议的有效性。六个智能体在设定的时间内均达到了固定时间二部一致。

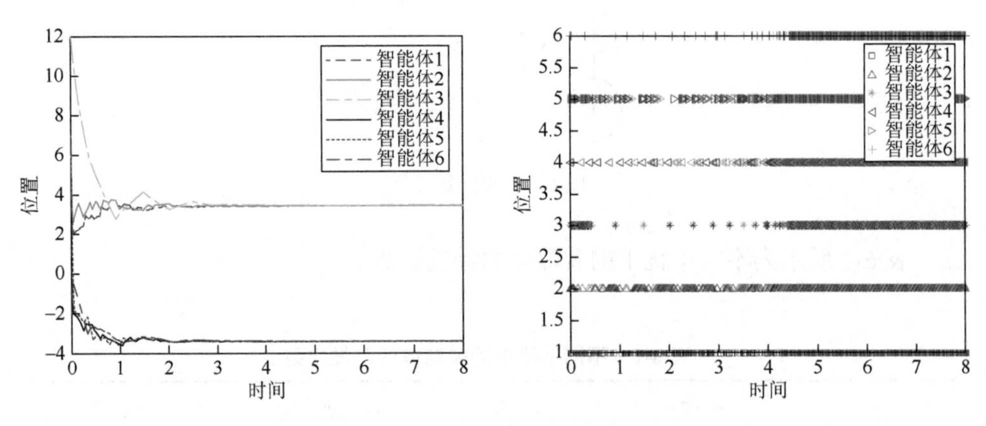

图 6-2　情况 1 干扰下多智能体的状态和事件触发时间

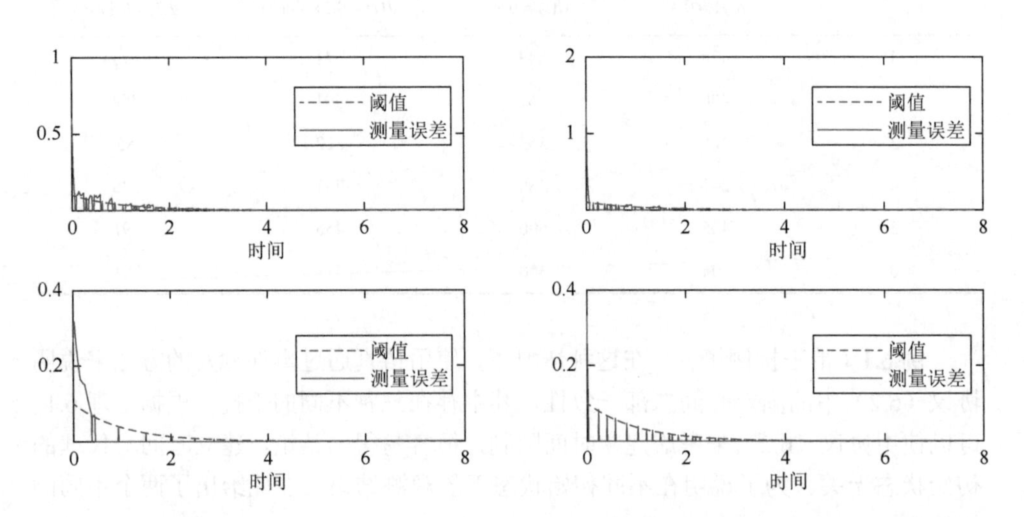

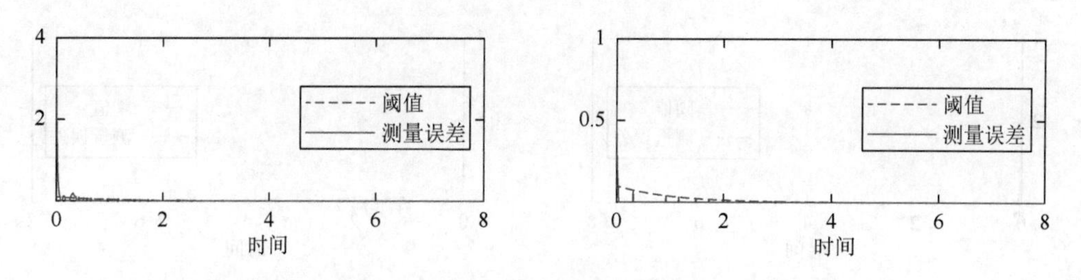

图 6-3　情况 1 干扰下各个多智能体的状态阈值和测量误差

纵轴的含义为阈值和测量误差

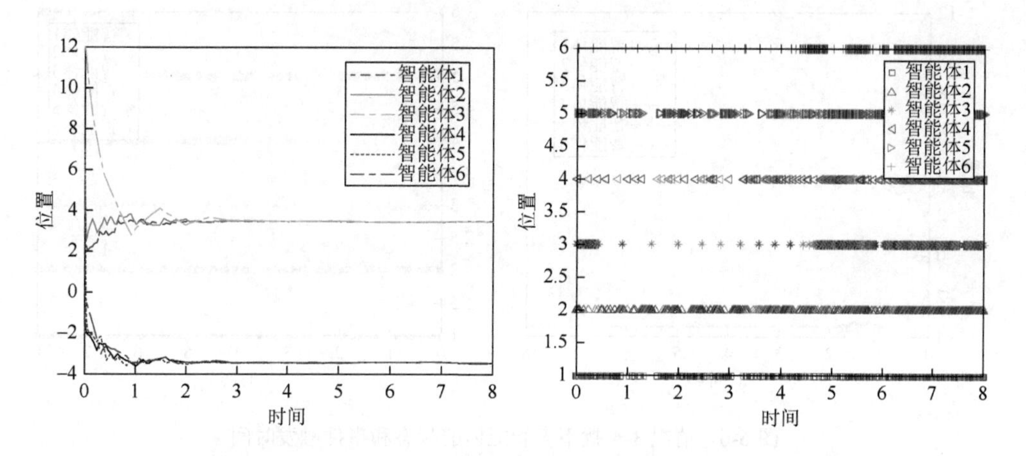

图 6-4　情况 2 干扰下多智能体的状态和事件触发时间

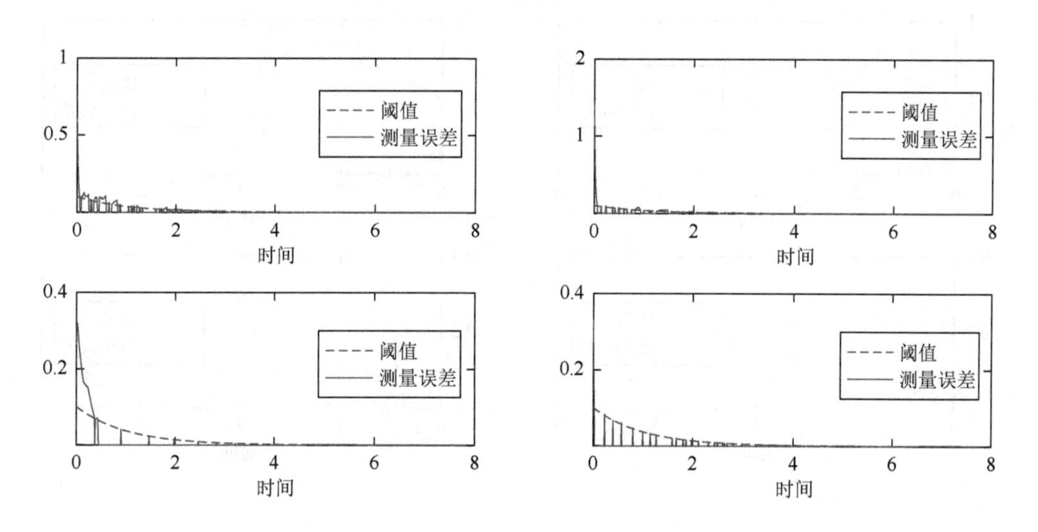

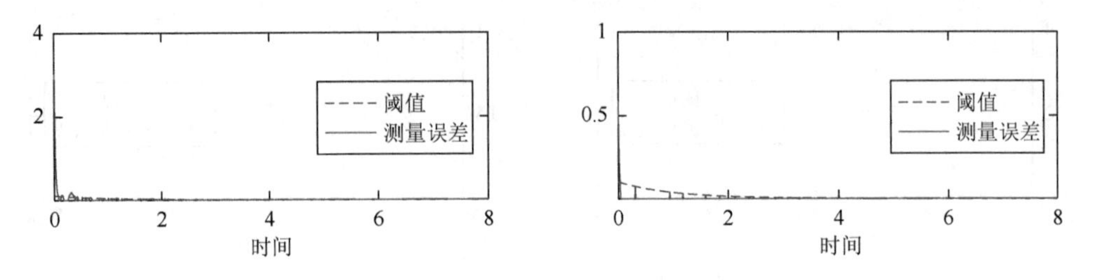

图 6-5　情况 2 干扰下各个多智能体的状态阈值和测量误差

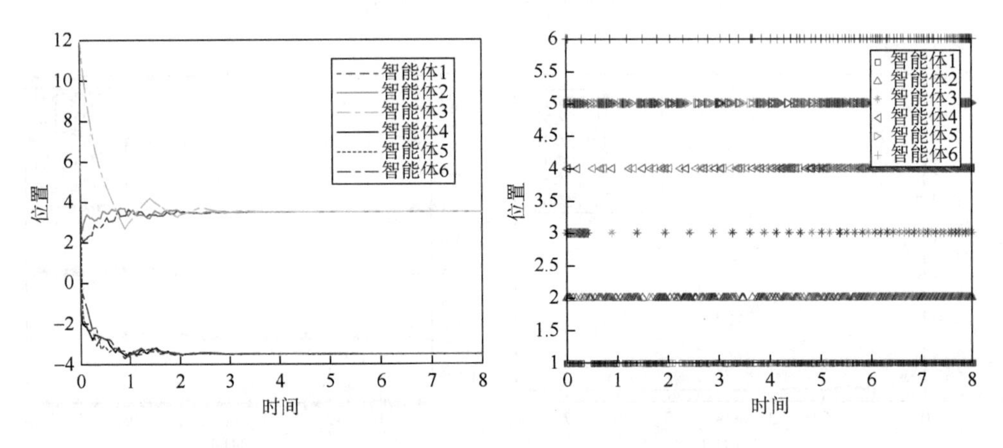

图 6-6　情况 3 干扰下多智能体的状态和事件触发时间

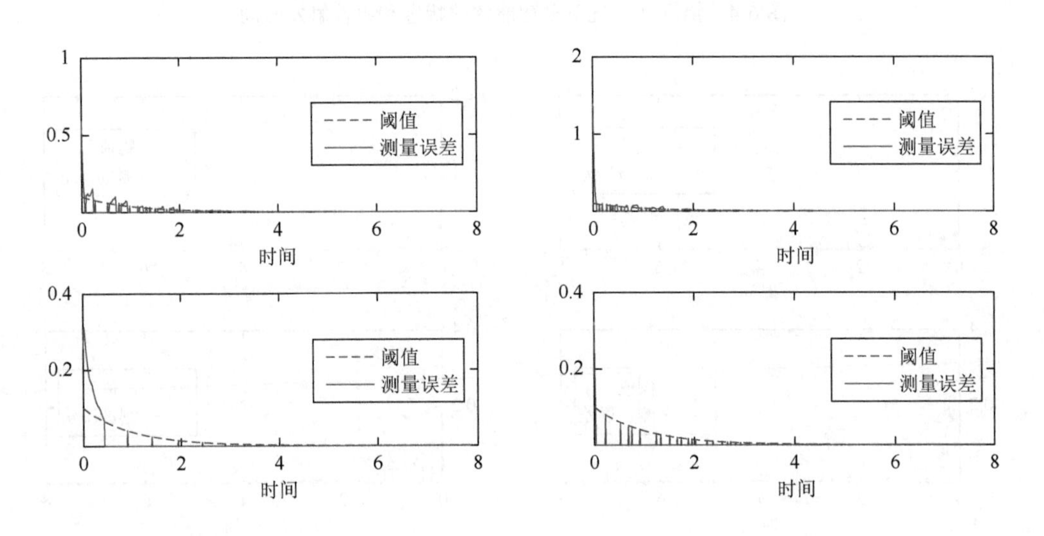

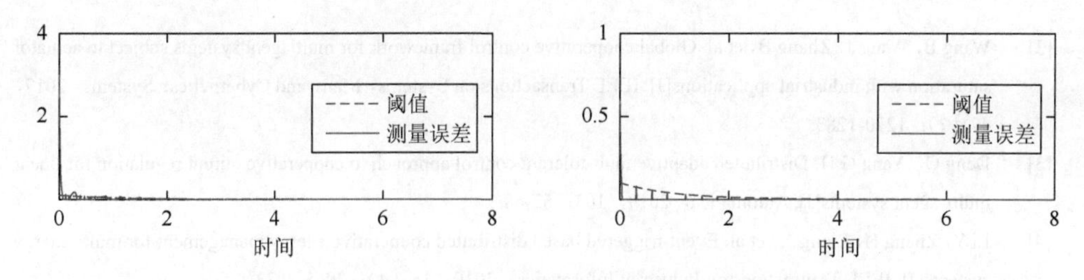

图 6-7　情况 3 干扰下各个多智能体的状态阈值和测量误差

例 6.2（无干扰例子）　在这种情况下，考虑图 6-8 所示的无干扰的推论 6.1。使用的参数协议中的值与例 6.1 中的相同，并且初始值与例 6.1 中的情况 1 相同。例如，通过比较图 6-8 中的仿真结果，可以直接发现协议（6.18）可以确保智能体达成双边的固定时间一致与智能体的初始值无关。

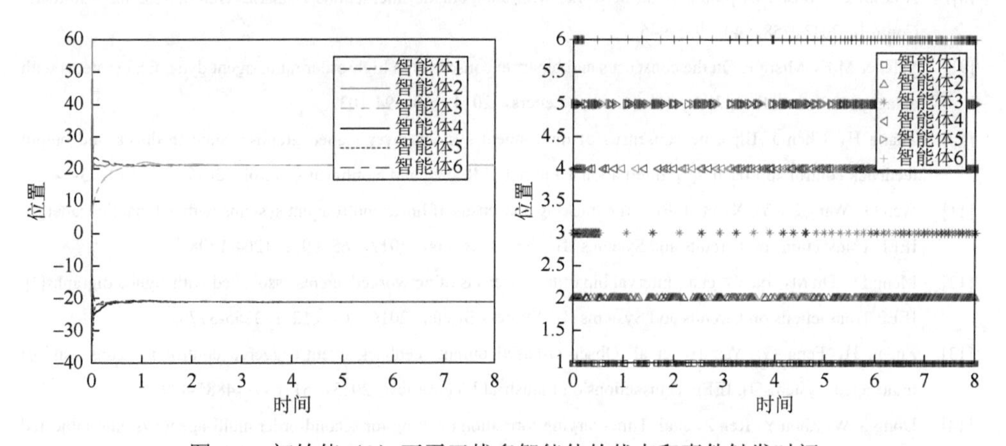

图 6-8　初始值（2）下无干扰多智能体的状态和事件触发时间

6.5　本 章 小 结

本章提出了一种通过事件触发机制解决多智能体系统的固定时间二部一致性问题的算法。基于固定时间稳定性理论和 Lyapunov 稳定性理论得出结论，即设定时间仅受控制器参数和通信拓扑的影响。两个仿真示例已经验证了新控制器的有效性。此外，该系统的状态并非始终可用于监视状态。因此，通过使用事件触发的观测器来实现固定时间二部一致性具有现实意义，这是未来的研究方向之一。

参 考 文 献

[1] Sun Q，Han R，Guerrero J，et al. A multiagent-based consensus algorithm for distributed coordinated control of distributed generators in the energy internet[J]. IEEE Transactions on Smart Grid，2015，6（6）：3006-3019.

[2] Wang B，Wang J，Zhang B，et al. Global cooperative control framework for multiagent systems subject to actuator saturation with industrial applications[J]. IEEE Transactions on Systems，Man，and Cybernetics：Systems，2017，47（7）：1270-1283.

[3] Deng C，Yang G H. Distributed adaptive fault-tolerant control approach to cooperative output regulation for linear multi-agent systems[J]. Automatica，2019，103：62-68.

[4] Li Y，Zhang H，Liang X，et al. Event-triggered based distributed cooperative energy management for multi-energy systems[J]. IEEE Transactions on Industrial Informatics，2019，15（4）：2008-2022.

[5] Zhou B，Liao X F，Huang T，et al. Leader-following exponential consensus of general linear multi-agent systems via event-triggered control with combinational measurements[J]. Applied Mathematics Letters，2015，40：35-39.

[6] Deng Q，Wu J，Han Q，et al. Fixed-time bipartite consensus of multi-agent systems with disturbances[J]. Physica A：Statistical Mechanics and Its Applications，2019，516：37-49.

[7] Yan H C，Shen Y C，Zhang H，et al. Decentralized event-triggered consensus control for second-order multi-agent systems[J]. Neurocomputing，2014，133：18-24.

[8] Altafini C. Consensus problems on networks with antagonistic interactions[J]. IEEE Transactions on Automatic Control，2013，58（4）：935-946.

[9] Valcher M E，Misra P. On the consensus and bipartite consensus in high-order multi-agent dynamical systems with antagonistic interactions[J]. Systems Control Letters，2014，66：94-103.

[10] Zhang H，Chen J. Bipartite consensus of multi-agent systems over signed graphs：State feedback and output feedback control approaches[J]. International Journal of Robust and Nonlinear Control，2017，27（1）：3-14.

[11] Wen G，Wang H，Yu X，et al. Bipartite tracking consensus of linear multi-agent systems with a dynamic leader[J]. IEEE Transactions on Circuits and Systems II：Express Briefs，2017，65（9）：1204-1208.

[12] Meng D，Du M，Jia Y，et al. Interval bipartite consensus of networked agents associated with signed digraphs[J]. IEEE Transactions on Circuits and Systems II：Express Briefs，2016，61（12）：3755-3770.

[13] Zhang H，Feng G，Yan H，et al. Observer-based output feedback event-triggered control for consensus of multi-agent systems[J]. IEEE Transactions on Industrial Electronics，2013，61（9）：4885-4894.

[14] Dong X W，Zhou Y，Ren Z，et al. Time-varying formation tracking for second-order multi-agent systems subjected to switching topologies with application to quadrotor formation flying[J]. IEEE Transactions on Industrial Electronics，2017，64（6）：5014-5024.

[15] Li J，Ho D W，Li J，et al. Distributed adaptive repetitive consensus control framework for uncertain nonlinear leader-follower multi-agent systems[J]. Journal of the Franklin Institute，2015，352（11）：5342-5360.

[16] Yu W，Chen G，Cao M，et al. Some necessary and sufficient conditions for second-order consensus in multi-agent dynamical systems[J]. Automatica，2010，46（6）：1089-1095.

[17] He W，Chen G，Han Q，et al. Network-based leader-following consensus of nonlinear multi-agent systems via distributed impulsive control[J]. Information Sciences，2017，380：145-158.

[18] Cortés J. Finite-time convergent gradient flows with applications to network consensus[J]. Automatica，2006，42（11）：1993-2000.

[19] Chen G，Lewis F L，Xie L，et al. Finite-time distributed consensus via binary control protocols[J]. Automatica，2011，47（9）：1962-1968.

[20] Liu X，Yu W，Cao J，et al. Finite-time synchronisation control of complex networks via non-smooth analysis[J]. IET Control Theory Applications，2015，9（8）：1245-1253.

[21] Guan Z，Sun F，Wang Y，et al. Finite-time consensus for leader-following second-order multi-agent networks[J].

IEEE Transactions on Circuits and Systems I：Regular Papers，2012，59（11）：2646-2654.

[22] Cao Y，Ren W. Finite-time consensus for multi-agent networks with unknown inherent nonlinear dynamics[J]. Automatica，2014，50：2648-2656.

[23] Polyakov A. Nonlinear feedback design for fixed-time stabilization of linear control systems[J]. IEEE Transactions on Automatic Control，2012，57（8）：2106-2110.

[24] Polyakov A，Efimov D，Perruquetti W，et al. Finite-time and fixed-time stabilization：Implicit Lyapunov function approach[J]. Automatica，2015，51：332-340.

[25] Zuo Z. Nonsingular fixed-time consensus tracking for second-order multi-agent networks[J]. Automatica，2015，54：305-309.

[26] Fu J，Wang J. Fixed-time coordinated tracking for second-order multi-agent systems with bounded input uncertainties[J]. Systems Control Letters，2016，93：1-12.

[27] Basin M，Shtessel Y，Aldukali F，et al. Continuous finite-and fixed-time high-order regulators[J]. Journal of the Franklin Institute，2016，353（18）：5001-5012.

[28] Nowzari C，Garcia E，Cortés J，et al. Event-triggered communication and control of networked systems for multi-agent consensus[J]. Automatica，2019，105：1-27.

[29] Liu J，Zhang Y，Sun C，et al. Fixed-time consensus of multi-agent systems with input delay and uncertain disturbances via event-triggered control[J]. Information Sciences，2019，480：261-272.

[30] Duan J，Zhang H，Han J，et al. Bipartite output consensus of heterogeneous linear multi-agent systems by dynamic triggering observer[J]. ISA Transactions，2019，92：14-22.

[31] Cai Y，Zhang H，Duan J，et al. Distributed bipartite consensus of linear multiagent systems based on event-triggered output feedback control scheme[J]. IEEE Transactions on Systems，Man，and Cybernetics：Systems，2020.

[32] Yang R，Zhang H，Feng G，et al. Robust cooperative output regulation of multi-agent systems via adaptive event-triggered control[J]. Automatica，2019，102：129-136.

第 7 章　基于量化通信下的多智能体系统的二部一致性

7.1　引　　言

随着通信技术的快速发展，控制系统包括网络化系统和多智能体系统引起了科研人员的注意。对于多智能体系统的集体行为，所有智能体通过控制协议达成一致。这里有许多关于一致性问题的结果，如同步、聚集和蜂拥。通常，一致性跟踪是一致性的特例，智能体会渐近跟随领导者。Chu 等[1]通过自适应控制提出一种新的分布式协议解决多智能体系统的一致性跟踪问题。Cao 等[2]利用变量结构法研究了协调跟踪问题，分别讨论了一致性跟踪和聚集跟踪算法。

注意到前面的工作主要考虑智能体交互合作。然而在实际系统网络，智能体会有竞争关系，其交互用符号图表示，权重有正也有负。利用符号图，Altafini[3]介绍了二部一致性的概念，所有智能体达到数值相同、符号相反的状态。他证明了如果权重符号图是连通的，则可以实现二部一致性。Zhao 等[4]采用自适应协议解决了有限时间二部一致性问题。迄今为止，关于二部一致性的文献有很多。Gong 等[5]解决了分数阶多智能体系统的固定时间二部一致性，提供了判断稳定性的新思路。Yang 等[6]解决了执行器故障的多智能体系统的二部一致性问题，其设定时间与智能体的初始速度无关。假设领导者的轨迹与控制输入无关，Wu 等[7]和 Jiao 等[8]研究了领导-跟随多智能体系统的二部一致性。

通信约束通常对多智能体系统的性能有显著影响，为了解决有限通信带宽带来的约束，往往在发送端对量化信息进行编码并在接收端进行对应的解码，此时多智能体系统将受到量化影响。Zhang 等[9]研究了事件触发控制和量化控制对一致性问题的影响。Liu 等[10]考虑不同量化器的作用实现同步运动。文献[11]采用脉冲控制解决量化一致性。文献[12]利用不光滑分析法解决了多智能体系统的二部一致性。

值得注意的是，在多智能体的固定时间输出一致性的研究中大多数已有的学术成果主要在系统状态已知并且智能体之间的关系仅存在合作关系的情况。然而，在实际的工程应用中，这种情况是不太现实的，因为通常智能体信息在传递的过程中存在许多干扰因素，如数据丢失、信息时延、带宽受限等。而且智能体在执行任务时个体之间也会存在竞争的关系。因此，通过输出调节的方法来研究多智能体系统的二部输出一致性问题显得十分有意义。基于此，相关研究提出了线性异构多智能体系统输出调节的输出反馈和状态反馈控制器，针对多智能体系统的输出调节问题，考虑模型的建立并给出满足状态反馈和输出反馈的局部和全局的充分条件。然后利用线性矩阵不等式和非凸代数约束的可行解，证明了满足状态反馈耦合增益的充分条件。相关研究基于符号图知识，在异构多智能体系统中分析了二部输出一致性问题。该符号图中智能体之间的关系不仅存在合作也有竞争的关系，当两智能体之间为合作关系时其权值为正，反之为负。并且分别基于状态和状态观测器设计了两种不同的外部系统的完全分布式自适应协议，证明了在含有敌对关系的异构多智能体系统中智能体的输出一致性也可以被保证。

在现有的异构多智能体系统的二部输出一致性问题中，收敛速度也一直是实际应用的重要的研究指标，并且在已有固定时间异构多智能体系统的输出一致性的文献中大多没有考虑系统通信带宽受限和控制参数不确定等情况。因此，本章将采用基于通信量化下的异构多智能体系统的固定时间输出一致性问题，其中考虑静态状态反馈和自适应状态反馈两种情形。如果系统的控制协议参数稳定则使用静态状态反馈协议，若控制参数存在不确定的情况则选择分布式自适应状态反馈协议。

7.2　基于量化的多智能体系统的分布式二部一致性

7.2.1　问题描述

用 $\mathcal{G}=\{\mathcal{V},\mathcal{E},\mathcal{A}\}$ 来表示智能体之间的通信，其中 $\mathcal{V}=\{1,2,\cdots,N\}$，$\mathcal{E}\subset\mathcal{V}\times\mathcal{V}$ 与 $\mathcal{A}=[a_{ij}]\in\mathbb{R}^{N\times N}$ 分别表示节点集合、边集与权重矩阵。定义拉普拉斯矩阵为 $\mathcal{L}=[l_{ij}]_{N\times N}=\mathrm{diag}\left(\sum_{j=1}^{N}|a_{1j}|,\cdots,\sum_{j=1}^{N}|a_{Nj}|\right)-\mathcal{A}$，其中 $l_{ij}=\sum_{k=1,k\neq i}^{N}|a_{ik}|$，$j=i$；$l_{ij}=-a_{ij}$，$j\neq i$。令 $S'=(S=\mathrm{diag}(s_1,s_2,\cdots,s_N),s_i=(\pm1))$。

本节采用的对数量化器 $Q:\mathbb{R}\to\mathbb{R}$ 为

$$Q(x)=\begin{cases}\gamma_i, & \dfrac{1}{1+\delta}\gamma_i<x\leqslant\dfrac{1}{1-\delta}\gamma_i,x>0\\ 0, & x=0\\ -q(-x), & x<0\end{cases}$$

其中，γ_i 是量化水平。另外，量化器的参数 $\eta\in(0,1)$。相关量化水平的集合为

$$\tilde{\gamma}=\left\{\pm\gamma_i,\gamma_i=\left(\frac{1-\delta}{1+\delta}\right)^i\gamma_0, i=\pm1,\pm2,\cdots\right\}\cup\{\pm\gamma_0\}\cup\{0\}$$

其中，初始量化水平$\gamma_0>0$。

基于对数量化器的定义，有$|Q(x)-x|\leqslant\delta|x|,\forall x\in\mathbb{R}$成立。令$r=[r_1,r_2,\cdots,r_n]^{\mathrm{T}}\in\mathbb{R}^n$，定义$Q(r)=[Q(r_1),Q(r_2),\cdots,Q(r_n)]^{\mathrm{T}}$。注意到$Q(r)-r=\Lambda r$，其中$\Lambda=\mathrm{diag}(\Lambda_1,\Lambda_2,\cdots,\Lambda_n)$和$\Lambda_i\in[-\delta,+\delta]$。

考虑非线性多智能体系统由$N+1$个智能体构成，其动力学方程可以描述为

$$\begin{cases}\dot{r}_i=Ar_i+f(r_i)+Bu_i\\ \dot{r}_0=Ar_0+f(r_0)+Bu_0\end{cases}\tag{7.1}$$

其中，r_i和u_i分别表示第i个智能体的状态和控制输入；r_0和u_0分别表示领导者的状态和控制输入；$f(\cdot)$是非线性函数。

对于系统（7.1），未知的控制输入描述为

$$u_0(t)=M_0\mu_0(t)\tag{7.2}$$

其中，$\mu_0(t)$是函数向量；M_0是待设计的常数矩阵，由$\hat{M}_{i0}$估计$\hat{u}_0(t)=\hat{M}_{i0}\mu_0(t)$。

假设 7.1 (A,B)可正定。

引理 7.1 连通有向符号图$\mathcal{G}$是结构平衡的，当且仅当SAS没有负元素。此外，S提供一个划分，即$V_1=\{i\mid s_i>0\}$和$V_2=\{i\mid s_i<0\}$。

假设 7.2 假设$\mathcal{G}$是连通且结构平衡的，且有一个生成树。定义

$$\bar{L}=SLS+D,\quad L_D=L+D$$

根据引理 7.1 和假设 7.2，可以得到SLS是对称的且特征值非负。

假设 7.3 存在正常数k，满足

$$\|f(x,t)-f(y,t)\|\leqslant k\|x-y\|,\quad\forall x,y\in\mathbb{R}^n$$

定义 7.1 如果满足式（7.3），则说系统 1 实现了二部一致性。

$$\begin{cases}\lim\limits_{t\to\infty}\|r_i(t)-r_0(t)\|=0,\quad\forall i\in V_1\\ \lim\limits_{t\to\infty}\|r_i(t)+r_0(t)\|=0,\quad\forall i\in V_2\end{cases}\tag{7.3}$$

式（7.3）等同于$\lim\limits_{t\to\infty}\|r_i(t)-s_ir_0(t)\|=0$，$i=1,2,\cdots,N$。

7.2.2 基于静态控制协议下的多智能体系统的二部一致性

针对多智能体系统（7.1），设计如下分布式固定协议：

$$u_i(t)=cKQ\sum_{j=1}^{n}|a_{ij}|(r_i(t)-\mathrm{sgn}(a_{ij})r_j(t))+d_i(r_i(t)-s_ir_0(t))+\hat{M}_{i0}\mu_0(t)\tag{7.4}$$

和更新协议：

$$\dot{\hat{M}}_{i0}=-\tau_i(P^{-1}B)^{\mathrm{T}}e_i(t)\mu_0^{\mathrm{T}} \tag{7.5}$$

其中，$e_i(t)=\sum_{j=1}^{N}|a_{ij}|(r_i(t)-\mathrm{sgn}(a_{ij})r_j(t))+d_i(r_i(t)-s_ir_0(t))$表示智能体间的相对信息。另外，$c>0$和$K\in\mathbb{R}^{m\times n}$之后进行设计。

定理 7.1 在假设 7.1～假设 7.3 下，考虑固定协议（7.4）和更新协议（7.5），若$c\geqslant 1/(1-\eta)\lambda_{\min}(\bar{L})$且$K=-B^{\mathrm{T}}P$，其中$P>0$是下面不等式的一个正定解：

$$A^{\mathrm{T}}P+PA-2PBB^{\mathrm{T}}P+2kP<0$$

则多智能体系统（7.1）可以实现分布式二部一致性。

证明 令$\varepsilon_i(t)=r_i(t)-s_ir_0(t)$，得到

$$\dot{\varepsilon}_i(t)=A\varepsilon_i(t)+cBKQ\left(\sum_{j=1}^{N}|a_{ij}|(r_i(t)-\mathrm{sign}(a_{ij})r_j(t))+d_i(r_i(t)-s_ir_0(t))\right)+B\tilde{M}_{i0}\mu_0(t)+f(r_i)-f(s_ir_0)$$

其中，$\tilde{M}_{i0}=\hat{M}_{i0}-s_iM_0$。

根据对数量化器的定义，有

$$\dot{\varepsilon}_i(t)\leqslant A\varepsilon_i(t)+c(1+\tilde{\Upsilon})BK\left(\sum_{j=1}^{N}|a_{ij}|(r_i(t)-\mathrm{sign}(a_{ij})r_j(t))+d_i(r_i(t)-s_ir_0(t))\right)+B\tilde{M}_{i0}\mu_0(t)+f(r_i)-f(s_ir_0)$$

其中，$\tilde{\Upsilon}\in[-\eta,+\eta]$。

调用$K=-B^{\mathrm{T}}P$，可以得到

$$\begin{aligned}\dot{\varepsilon}_i(t)&\leqslant A\varepsilon_i(t)-c(1+\tilde{\Upsilon})BB^{\mathrm{T}}P\left(\sum_{j=1}^{N}|a_{ij}|(r_i(t)-\mathrm{sign}(a_{ij})r_j(t))+d_i(r_i(t)-s_ir_0(t))\right)\\&\quad+B\tilde{M}_{i0}\mu_0(t)+f(r_i)-f(s_ir_0)\\&\leqslant A\varepsilon_i(t)-c(1-\eta)BB^{\mathrm{T}}P\left(\sum_{j=1}^{N}|a_{ij}|(r_i(t)-\mathrm{sign}(a_{ij})r_j(t))+d_i(r_i(t)-s_ir_0(t))\right)\\&\quad+B\tilde{M}_{i0}\mu_0(t)+f(r_i)-f(s_ir_0)\end{aligned}$$

因为$a_{ij}s_i=|a_{ij}|s_j$和$a_{ij}s_i=a_{ij}\,\mathrm{sign}(a_{ij})s_i=|a_{ij}|s_j\,\mathrm{sign}(a_{ij})$，进一步有

$$\dot{\varepsilon}_i(t)\leqslant A\varepsilon_i(t)-c(1-\eta)BB^{\mathrm{T}}P\left(\sum_{j=1}^{n}|a_{ij}|(\varepsilon_i(t)-\mathrm{sign}(a_{ij})\varepsilon_j(t))+d_i\varepsilon_i(t)\right)+B\tilde{M}_{i0}\mu_0(t)+f(r_i)-f(s_ir_0) \tag{7.6}$$

令$\varepsilon=[\varepsilon_1^{\mathrm{T}}(t),\cdots,\varepsilon_N^{\mathrm{T}}(t)]^{\mathrm{T}}$，式（7.6）写为

$$\dot{\varepsilon}(t)\leqslant(I_N\otimes A-c(1-\eta)L_D\otimes BB^{\mathrm{T}}P)\varepsilon(t)+(I_N\otimes B)\tilde{M}_0\varPhi_0+F(r)-F(sr_0)$$

其中，$\tilde{M}_0=\mathrm{diag}(\tilde{M}_{10},\cdots,\tilde{M}_{N0})$，$\tilde{M}_{i0}=\hat{M}_{i0}-s_iM_0$；$\varPhi_0=\mathrm{col}(\mu_0,\cdots,\mu_0)$。

根据假设 7.3，有

$$\dot{\varepsilon}(t) \leqslant (I_N \otimes A - c(1-\eta)L_D \otimes BB^{\mathrm{T}}P + k)\varepsilon(t) + (I_N \otimes B)\tilde{M}_0 \Phi_0$$

选取 Lyapunov 函数：

$$V(t) = \varepsilon(t)^{\mathrm{T}}(L_D \otimes P)\varepsilon(t) + \sum_{i=1}^{N} \mathrm{tr}\left(\frac{1}{\tau_i}\tilde{M}_{i0}^{\mathrm{T}}\tilde{M}_{i0}\right)$$

因为 $SS = I_N$，有 $\varepsilon(t)^{\mathrm{T}}(L_D \otimes P)\varepsilon(t) = \bar{\varepsilon}(t)^{\mathrm{T}}(\bar{L} \otimes P)\bar{\varepsilon}(t)$，其中 $\bar{\varepsilon}(t) = (S \otimes I_n)\varepsilon(t)$。

由假设 7.2 可知 $\bar{L}$ 是正定的。因此，$V(t) \geqslant 0$。

对 $V(t)$ 求导得

$$\begin{aligned}\dot{V}(t) \leqslant{} & \varepsilon(t)^{\mathrm{T}}(L_D \otimes (PA + A^{\mathrm{T}}P) - 2c(1-\eta)L_D^2 \otimes PBB^{\mathrm{T}}P + 2k(L_D \otimes P))\varepsilon(t) \\ & + 2\varepsilon(t)^{\mathrm{T}}(L_D \otimes PB)\tilde{M}_0\Phi_0 + 2\sum_{i=1}^{N}\mathrm{tr}\left(\frac{1}{\tau_i}\tilde{M}_{i0}^{\mathrm{T}}\dot{\tilde{M}}_{i0}\right)\end{aligned} \tag{7.7}$$

注意到 $\mathrm{tr}(A^{\mathrm{T}}) = \mathrm{tr}(A)$ 和 $\mathrm{tr}(AB) = \mathrm{tr}(BA)$，所以

$$\begin{aligned}\varepsilon(t)^{\mathrm{T}}(L_D \otimes PB)\tilde{M}_0\Phi_0 &= \sum_{i=1}^{N}\left(\sum_{j=1}^{N} L_{ij}\varepsilon_j^{\mathrm{T}}\right)\varepsilon_i^{\mathrm{T}}(t)(PB)\tilde{M}_{i0}\mu_0 \\ &= \sum_{i=1}^{N}\mathrm{tr}(\tilde{M}_{i0}^{\mathrm{T}}(PB)^{\mathrm{T}}e_i(t)\mu_0^{\mathrm{T}})\end{aligned}$$

选取

$$\dot{\tilde{M}}_{i0} = -\tau_i(PB)^{\mathrm{T}}e_i(t)\mu_0^{\mathrm{T}} \tag{7.8}$$

把式（7.8）代入式（7.7）得到

$$\begin{aligned}\dot{V}(t) &\leqslant \varepsilon(t)^{\mathrm{T}}(L_D \otimes (PA + A^{\mathrm{T}}P) - 2c(1-\eta)L_D^2 \otimes \Pi + 2k(L_D \otimes P))\varepsilon(t) \\ &= \varepsilon(t)^{\mathrm{T}}(L_D \otimes I_n)(I_N \otimes (PA + A^{\mathrm{T}}P - 2c(1-\eta)L_D \otimes \Pi + 2kP))\varepsilon(t) \\ &= \bar{\varepsilon}(t)^{\mathrm{T}}(\bar{L} \otimes I_n)(I_N \otimes (PA + A^{\mathrm{T}}P - 2c(1-\eta)\bar{L} \otimes \Pi + 2kP))\bar{\varepsilon}(t)\end{aligned}$$

选取 $c(1-\eta)\lambda_{\min}(\bar{L}) \geqslant 1$，有

$$\begin{aligned}\dot{V}(t) &\leqslant \bar{\varepsilon}(t)^{\mathrm{T}}(\bar{L} \otimes I_n)(I_N \otimes (PA + A^{\mathrm{T}}P - 2\Pi + 2kP))\bar{\varepsilon}(t) \\ &\triangleq -\Omega(\bar{\varepsilon}(t)) \leqslant 0\end{aligned} \tag{7.9}$$

整合式（7.9）两边，得到

$$V(0) - V(\infty) \geqslant \int_0^{\infty}\Omega(\bar{\varepsilon}(t))\mathrm{d}t$$

这意味着 $\int_0^{\infty}\Omega(\bar{\varepsilon}(t))\mathrm{d}t$ 存在且是有界的。由于 $V(t)$ 不递增，得到 $\bar{\varepsilon}(t)$ 和 $\dot{\bar{\varepsilon}}(t)$ 是有界的。进一步，$\dot{\Omega}(\bar{\varepsilon}(t))$ 是一致有界的且 $\Omega(\bar{\varepsilon}(t))$ 连续。借助 Barbalat 引理，有 $\bar{\varepsilon}(t) \to 0$ 随着 $t \to \infty$，即 $\varepsilon(t) \to 0$。也就是说量化下通过协议（7.4），多智能体系统（7.1）能实现二部一致性。定理得证。

接下来提出一类自适应控制协议：

$$
\begin{cases}
u_i(t) = \alpha_i(t)KQe_i(t) + \hat{M}_{i0}\mu_0 \\
\dot{\alpha}_i(t) = (1-\eta)e_i(t)^{\mathrm{T}}\varPi e_i(t) \\
e_i(t) = \sum_{j=1}^{n} |a_{ij}| Q(r_i(t) - \mathrm{sgn}(a_{ij})r_j(t)) + d_i Q(r_i(t) - s_i r_0(t))
\end{cases} \tag{7.10}
$$

和相同的更新协议：

$$
\dot{\hat{M}}_{i0} = -\tau_i (P^{-1}B)^{\mathrm{T}} e_i(t)\mu_0^{\mathrm{T}} \tag{7.11}
$$

令 $\delta_i(t) = r_i(t) - s_i r_0(t)$，得到

$$
\begin{aligned}
\dot{\delta}_i(t) = & A\delta_i(t) + BK\sum_{i=1}^{N}\alpha_i(t)Q\left(\sum_{j=1}^{N}|a_{ij}|(r_i(t) - \mathrm{sgn}(a_{ij})r_j(t)) + d_i(r_i(t) - s_i r_0(t))\right) \\
& - B\mu_0(\hat{M}_{i0} - s_i M_0) + f(r_i) - f(s_i r_0)
\end{aligned}
$$

同样地，根据量化器定义和假设 7.3，有

$$
\begin{aligned}
\dot{\delta}_i(t) \leqslant & A\delta_i - (1-\eta)BB^{\mathrm{T}}P\sum_{i=1}^{N}\alpha_i\sum_{j=1}^{N}|a_{ij}|(r_i(t) - \mathrm{sgn}(a_{ij})r_j(t)) + d_i(r_i(t) - s_i r_0(t)) \\
& - B\mu_0(\hat{M}_{i0} - s_i M_0) + f(r_i) - f(s_i r_0) \\
\leqslant & A\delta_i - (1-\eta)BB^{\mathrm{T}}P\sum_{i=1}^{N}\alpha_i\sum_{j=1}^{N}|a_{ij}|(r_i(t) - \mathrm{sgn}(a_{ij})r_j(t)) + d_i(r_i(t) - s_i r_0(t)) \\
& - B\mu_0(\hat{M}_{i0} - s_i M_0) + kI\delta_i
\end{aligned} \tag{7.12}
$$

令 $\delta(t) = [\delta_1(t)^{\mathrm{T}}, \cdots, \delta_N(t)^{\mathrm{T}}]^{\mathrm{T}}$，定义 $\varLambda = \mathrm{diag}(\alpha_1, \cdots, \alpha_N)$。根据式（7.12），有

$$
\dot{\delta}(t) \leqslant (I_N \otimes A - (1-\eta)\varLambda L_D \otimes BB^{\mathrm{T}}P + I_N \otimes kI)\delta(t) + (I_N \otimes B)\tilde{M}_0\varPhi_0 \tag{7.13}
$$

7.2.3　基于自适应动态控制协议下的多智能体系统的二部一致性

定理 7.2　在假设 7.1～假设 7.3 下，考虑协议（7.10）和更新协议（7.11），若 $K = -B^{\mathrm{T}}P$，且 $\varPi = PBB^{\mathrm{T}}P$，其中 $P > 0$ 是下面不等式的解：

$$
A^{\mathrm{T}}P + PA - 2PBB^{\mathrm{T}}P + 2kP < 0
$$

则多智能体系统（7.1）可以实现完全分布式二部一致性。

证明　选取 Lyapunov 函数：

$$
V(t) = \delta^{\mathrm{T}}(t)(L_D \otimes P)\delta(t) + \sum_{i=1}^{N}(\alpha_i(t) - \alpha_0)^2 + \sum_{i=1}^{N}\mathrm{tr}\left(\frac{1}{\tau_i}M_{i0}^{\mathrm{T}}M_{i0}\right)
$$

其中，α_0 是正常数。同样地，有 $\delta(t)^{\mathrm{T}}(L_D \otimes P)\delta(t) = \bar{\delta}(t)^{\mathrm{T}}(\bar{L} \otimes P)\bar{\delta}(t)$，其中 $\bar{\delta}(t) =$

$(S\otimes I_n)\delta(t)$。由假设 7.2 可知 $\bar{L}$ 是正定的，因此，$V(t)\geqslant 0$。

基于式（7.13），对 $V(t)$ 求导有

$$\begin{aligned}\dot{V}(t)\leqslant{}&\delta^{\mathrm{T}}(t)(L_D\otimes(PA+A^{\mathrm{T}}P)-2(1-\eta)L_D\Lambda L_D\otimes PBB^{\mathrm{T}}P+2k(L_D\otimes P))\\&\times\delta(t)+2\delta^{\mathrm{T}}(L_D\otimes PB)\tilde{M}_0\Phi_0\\&+2\sum_{i=1}^{N}\mathrm{tr}\left(\frac{1}{\tau_i}\tilde{M}_{i0}^{\mathrm{T}}\dot{\tilde{M}}_{i0}\right)+2\sum_{i=1}^{N}\dot{\alpha}_i(t)(\alpha_i(t)-\alpha_0)\end{aligned}\tag{7.14}$$

因为 $e(t)=(L_D\otimes I_n)\delta(t)$，有

$$\begin{aligned}\sum_{i=1}^{N}\alpha_i\dot{\alpha}_i&=(1-\eta)\sum_{i=1}^{N}\alpha_i e_i(t)^{\mathrm{T}}\Pi e_i(t)\\&=e(t)^{\mathrm{T}}(((1-\eta)\Lambda(t)\otimes\Pi))e(t)\\&=\delta(t)^{\mathrm{T}}((1-\eta)L_D\Lambda(t)L_D\otimes\Pi)\delta(t)\end{aligned}\tag{7.15}$$

$$\begin{aligned}\sum_{i=1}^{N}\alpha_i\dot{\alpha}_i&=(1-\eta)\sum_{i=1}^{N}\alpha_i e_i(t)^{\mathrm{T}}\Pi e_i(t)\\&=e(t)^{\mathrm{T}}(((1-\eta)\Lambda(t)\otimes\Pi))e(t)\\&=\delta(t)^{\mathrm{T}}((1-\eta)L_D\Lambda(t)L_D\otimes\Pi)\delta(t)\end{aligned}\tag{7.16}$$

另外，有

$$\begin{aligned}\sum_{i=1}^{N}\alpha_0\dot{\alpha}_i&=(1-\eta)\sum_{i=1}^{N}\alpha_0 e_i(t)^{\mathrm{T}}\Pi e_i(t)\\&=\alpha_0(1-\eta)\delta(t)^{\mathrm{T}}(L_D^2\otimes\Pi)\delta(t)\end{aligned}\tag{7.17}$$

结合式（7.14）～式（7.16），有

$$\begin{aligned}\dot{V}(t)\leqslant{}&\delta^{\mathrm{T}}(t)(L_D\otimes(PA+A^{\mathrm{T}}P)-2\alpha_0(1-\eta)L_D^2\otimes\Pi+2k(L_D\otimes P))\bar{\delta}(t)\\&+2\delta^{\mathrm{T}}(L_D\otimes PB)\tilde{M}_0\Phi_0+2\sum_{i=1}^{N}\mathrm{tr}\left(\frac{1}{\tau_i}\tilde{M}_{i0}^{\mathrm{T}}\dot{\tilde{M}}_{i0}\right)\end{aligned}\tag{7.18}$$

显然，得到

$$\begin{aligned}\delta^{\mathrm{T}}(L_D\otimes PB)\tilde{M}_0\Phi_0&=\sum_{i=1}^{N}\left(\sum_{j=1}^{N}L_{ij}\delta_j^{\mathrm{T}}\right)(PB)\tilde{M}_{i0}\mu_0\\&=\sum_{i=1}^{N}\mathrm{tr}(\tilde{M}_{i0}^{\mathrm{T}}(PB)^{\mathrm{T}}e_i(t)\mu_0^{\mathrm{T}})\end{aligned}\tag{7.19}$$

选取自适应协议：

$$\dot{\tilde{M}}_{i0}=-\tau_i(PB)^{\mathrm{T}}e_i(t)\mu_0^{\mathrm{T}}$$

把式（7.19）代入式（7.18），有

$$\begin{aligned}\dot{V}(t) &\leqslant \delta(t)^{\mathrm{T}}(L_D \otimes (PA + A^{\mathrm{T}}P) - 2\alpha_0(1-\eta)L_D^2 \otimes \Pi + 2k(L_D \otimes P))\delta(t) \\ &= \bar{\delta}(t)^{\mathrm{T}}(\bar{L} \otimes (PA + A^{\mathrm{T}}P) - 2\alpha_0(1-\eta)\bar{L}^2 \otimes \Pi + 2k(\bar{L} \otimes P))\bar{\delta}(t)\end{aligned}$$

注意到$\alpha_0 \geqslant 1/(1-\eta)\lambda_{\min}(\bar{L})$，得到

$$\dot{V}(t) \leqslant \bar{\delta}(t)^{\mathrm{T}}(\bar{L} \otimes I_n)(I_N \otimes (PA + A^{\mathrm{T}}P - 2\Pi + 2kP))\bar{\delta}(t)$$

至此下面的证明与定理 7.1 类似，为简洁起见，此处将其省略。定理得证。

7.2.4　仿真分析

在仿真部分，考虑五个跟随者（标记 1～5）和一个领导者（标记 0），设置系统参数矩阵为

$$A = \begin{bmatrix} 0 & 1 \\ -1 & 0 \end{bmatrix}, \quad B = \begin{bmatrix} 1 \\ 0 \end{bmatrix}$$

给出如图 7-1 所示的合作竞争网络，实线和虚线分别代表智能体间合作和竞争关系。该拓扑图有一个生成树且是结构平衡的。而且，跟随者被分为两组$V_1 = \{1,2,3\}$和$V_2 = \{4,5\}$。计算拉普拉斯矩阵为

$$L = \begin{bmatrix} 3 & 0 & -1 & 2 & 0 \\ -2 & 2 & 0 & 0 & 0 \\ 0 & -1 & 2 & 0 & 1 \\ 0 & 0 & 0 & 0 & 0 \\ 0 & 0 & 0 & -3 & 3 \end{bmatrix}$$

和领导权重矩阵$D = \mathrm{diag}(1,0,0,2,0)$。

解定理中的矩阵不等式，得到反馈矩阵$K = [0.9524, 1.5736]$，满足定理中的充分条件。领导者的初始状态为$r_0(0) = [3,6]^{\mathrm{T}}$，跟随者的初始状态为$r(0) = [0,5,0,-3,2,3,7,10,-5,3]^{\mathrm{T}}$。选取参数$\eta$为$\eta = 0.6$。模型（7.2）的基础函数定义为$\mu_0 = [\sin t, \cos t]^{\mathrm{T}}$。

从图 7-2～图 7-4 可以看到，设计合适量化协议可以使系统实现分布式二部一致性，这与定理 7.1 和定理 7.2 得到的结论一致。图 7-2 显示了属于集合V_1的智能体收敛到领导者的状态$r_0(t)$，然而属于集合V_2的智能体收敛到领导者的相反状态$-r_0(t)$，这与集合V_1和集合V_2的划分结果一致。图 7-3 给出了参数误差$\tilde{M}_{i0}$的轨迹，可以看到误差最终为 0。图 7-4 描绘了领导者与跟随者之间的追踪误差$\varepsilon_i(t) = [\varepsilon_{i1}(t), \varepsilon_{i2}(t)]^{\mathrm{T}}$的轨迹。以上分析表明了领导者的状态对于实现量化二部一致性具有重要作用。

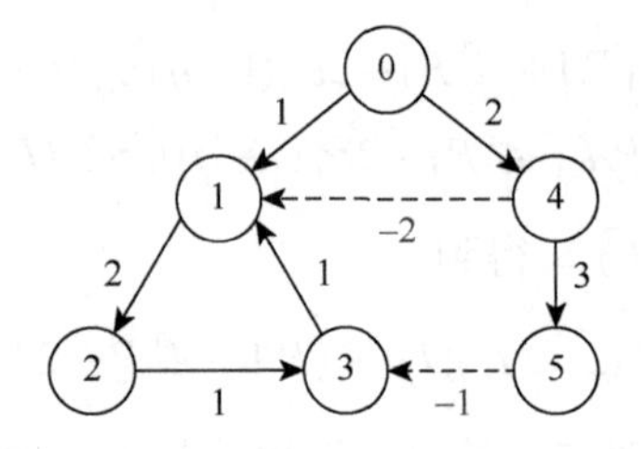

图 7-1　六个智能体的通信拓扑图

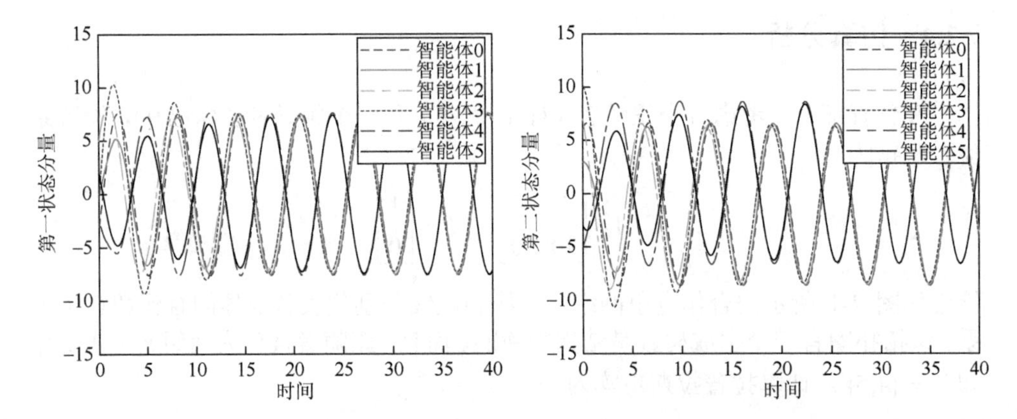

图 7-2　六个智能体的状态轨迹

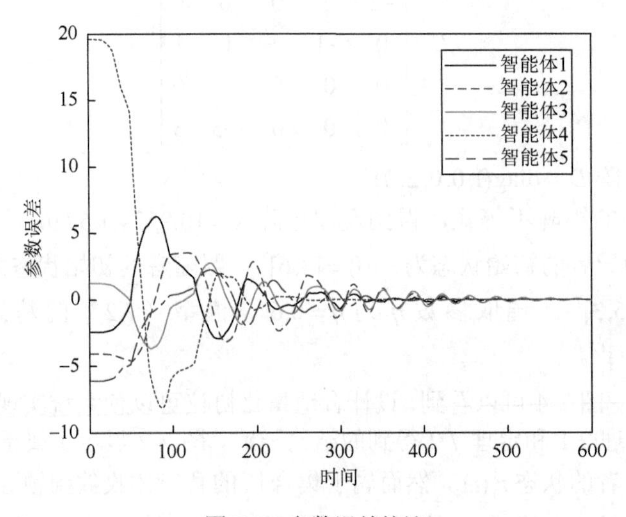

图 7-3　参数误差轨迹

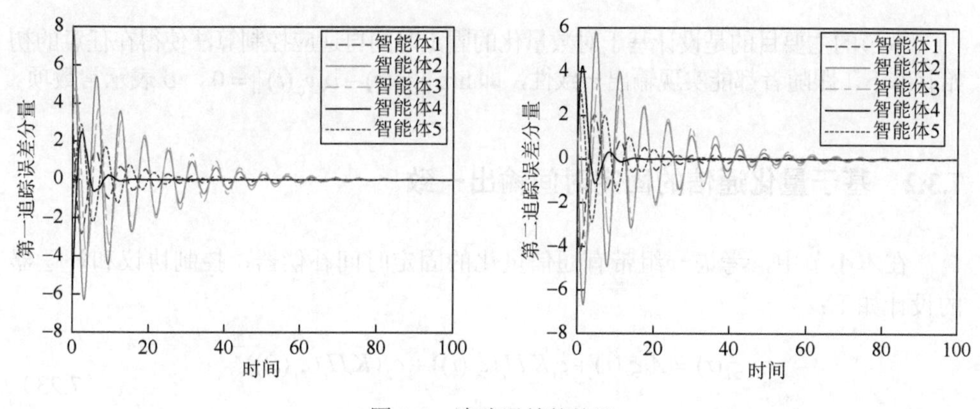

图 7-4　追踪误差的轨迹

7.3　基于量化的固定时间异构多智能体系统的二部一致性

7.3.1　问题描述

考虑一个带有领导者的异构多智能体系统，智能体的动态方程如下所示。

领导者：

$$\begin{cases}\dot{x}_0(t)=A_0x_0(t)\\ y_0(t)=C_0x_0(t)\end{cases}\tag{7.20}$$

跟随者：

$$\begin{cases}\dot{x}_i(t)=A_ix_i(t)+B_iu_i(t)\\ y_i(t)=C_ix_i(t)\end{cases},\quad i=1,2,\cdots,M\tag{7.21}$$

其中，$x_i\in\mathbb{R}^{m_i},y_i\in\mathbb{R}^q$ 和 $u_i\in\mathbb{R}^{n_i}$ 分别表示跟随者中第 i 个智能体的状态、输出和控制输入，同样，$x_0\in\mathbb{R}^{m_0}$ 和 $y_0\in\mathbb{R}^q$ 分别表示领导者的状态和实际输出；A_0,A_i,C_0,B_i 和 C_i 分别代表具有合适维度的矩阵并且满足以下假设。

假设 7.4　A_0 是具有零实部特征值矩阵。

假设 7.5　输出调节方程成立：

$$\begin{cases}\Xi_iA_0=A_i\Xi_i+B_iU_i\\ C_i\Xi_i=C_0\end{cases},\quad i=1,2,\cdots,M\tag{7.22}$$

其中，(Ξ_i,U_i) 是调节方程的一组解。

假设 7.6　矩阵对 (A_i,B_i) 对于任意的 $i=1,2,\cdots,M$ 都是稳定的。

假设 7.7　G 是一个结构平衡并且至少具有一棵以领导者为根节点的生成树的无向通信拓扑图。

本节的主要目的是设计基于对数量化的固定时间自适应控制算法使得在任意的初始状态下，跟随者都能实现输出一致性，即$\lim_{t\to T}\|y_i(t)-\upsilon_i y_0(t)\|=0$，$\upsilon$ 表示常数项。

7.3.2 基于量化通信的固定时间输出一致

在本小节中，考虑一组带有通信量化的固定时间补偿器，控制协议和补偿器的设计如下：

$$\begin{aligned}\dot{\xi}_i(t)=&A_0\xi_i(t)+c_1K\varPi_i(\xi_i(t))+c_2(K\varPi_i(\xi_i(t)))^{\frac{m}{n}}\\&+c_3(K\varPi_i(\xi_i(t)))^{\frac{p}{q}}\end{aligned}\tag{7.23}$$

$$\begin{aligned}\varPi_i(\xi_i(t))=&\sum_{i=1}^{M}|a_{ij}|q(\xi_j(t)-\operatorname{sgn}(a_{ij})\xi_i(t))\\&+a_{i0}q(\upsilon_i x_0(t)-\xi_i(t))\end{aligned}$$

$$\begin{aligned}u_i(t)=&K_{1i}x_i(t)+K_{2i}\xi_i(t)\\&-\mu_1K_{3i}\operatorname{sig}(x_i(t)-\varXi_i\xi_i(t))^{\alpha}\\&-\mu_2K_{3i}\operatorname{sig}(x_i(t)-\varXi_i\xi_i(t))^{\beta}\end{aligned}\tag{7.24}$$

其中，$c_1,c_2>0$ 和 $\xi_i(t)\in\mathbb{R}^{m_0}\,(i=1,2,\cdots,M)$ 分别代表着补偿器参数和状态；m,n,p,q 分别是后续将被设计的正奇数且 $n>m,p>q$。在控制算法中的参数设计符合 $\alpha,\beta>0$、$\mu_1,\mu_2>0$ 并且 K_{1i},K_{2i},K_{3i} 是具有合适维数的控制矩阵。接下来定义辅助变量的追踪误差为 $\varepsilon_i(t)=\xi_i(t)-\upsilon_i x_0(t)$，如果追踪误差变量在一定的时间内可以达到一致，即 $\lim_{t\to T_{11}}\|\xi_i(t)-\upsilon_i x_0(t)\|=0$，那就是说基于通信量化下的辅助变量可以实现固定时间追踪一致，然后验证这个结论。首先表示误差的时间导数为

$$\begin{aligned}\dot{\varepsilon}_i(t)&=\dot{\xi}_i(t)-\upsilon_i\dot{x}_0(t)\\&=A_0\xi_i(t)+c_1K\varPi_i(\xi_i(t))+c_2(K\varPi_i(\xi_i(t)))^{\frac{m}{n}}\\&\quad+c_3(K\varPi_i(\xi_i(t)))^{\frac{p}{q}}-A_0\upsilon_i x_0(t)\\&\leqslant A_0\varepsilon_i(t)-c_1(1-\gamma)K\left(\sum_{i=1}^{M}|a_{ij}|(\varepsilon_i(t)-\varepsilon_j(t))+a_{i0}\varepsilon_i(t)\right)\\&\quad-c_2(1-\gamma)^{\frac{m}{n}}\left(K\left(\sum_{i=1}^{M}|a_{ij}|(\varepsilon_i(t)-\varepsilon_j(t))+a_{i0}\varepsilon_i(t)\right)\right)^{\frac{m}{n}}\\&\quad-c_3(1-\gamma)^{\frac{p}{q}}\left(K\left(\sum_{i=1}^{M}|a_{ij}|(\varepsilon_i(t)-\varepsilon_j(t))+a_{i0}\varepsilon_i(t)\right)\right)^{\frac{p}{q}}\end{aligned}$$

$$\begin{aligned}\dot{\varepsilon}(t)\leqslant&((I_M\otimes A_0)-c_1(1-\gamma)(H_{\bar{R}}\otimes K))\varepsilon(t)\\&-c_2(1-\gamma)^{\frac{m}{n}}((H_{\bar{R}}\otimes K)\varepsilon(t))^{\frac{m}{n}}\\&-c_3(1-\gamma)^{\frac{p}{q}}((H_{\bar{R}}\otimes K)\varepsilon(t))^{\frac{p}{q}}\end{aligned}$$

其中，$\varepsilon(t)=[\varepsilon_1^{\mathrm{T}},\varepsilon_2^{\mathrm{T}},\cdots,\varepsilon_M^{\mathrm{T}}]^{\mathrm{T}}$ 表示误差变量。接下来分别考虑误差和输出误差的收敛性分析。

定理 7.3 对于由式（7.20）和式（7.21）组成的异构系统，假设 7.4～假设 7.7 成立并且满足如下两个条件。

（1）如果辅助变量参数分别满足 $c_1>\dfrac{1}{\lambda_{\max(H_{\bar{R}})}(1-\gamma)}$，且 c_2,c_3 为正实数，对于收敛指数有 $\dfrac{m}{n}\in(0,1)$ 和 $\dfrac{p}{q}\in(1,+\infty)$，存在一个正定矩阵 K 满足里卡蒂不等式 $A_0^{\mathrm{T}}K+KA_0-2K^2<0$。则在一个规定的时间内辅助变量可以达到一致，即 $\lim\limits_{t\to T_{11}}(\xi_i(t)-\upsilon_i x_0(t))=0$。

（2）如果后续设计 K_{1i} 满足 $A_i+B_iK_{1i}$ 是 Hurwitz 并且 K_{2i}、K_{3i} 分别使得两公式 $K_{2i}=U_i-K_{1i}\varXi_i$ 和 $B_iK_{3i}=I$ 成立，则可以通过调节式（7.22）得到 $\lim\limits_{t\to T_{12}}(x_i(t)-\varXi_i\xi_i(t))=0$。

也就是说，$\lim\limits_{t\to T_{11}+T_{12}}\|y_i(t)-\upsilon_i y_0(t)\|=0$ 是成立的，即带有量化信息的异构多智能体系统的固定时间输出一致性可以实现并且这个收敛时间可以表示为 $T_1=T_{11}+T_{12}$。

证明 首先证明带有量化的辅助变量可以实现固定时间跟踪一致，设计关于误差变量的 Lyapunov 函数为 $V_1(t)=\varepsilon^{\mathrm{T}}(t)(H_{\bar{R}}\otimes K)\varepsilon(t)$，由于对称正定矩阵 D 满足 $DD=I_M$。并且给出 $\varepsilon^{\mathrm{T}}(t)(H_{\bar{R}}\otimes K)\varepsilon(t)=\tilde{\varepsilon}^{\mathrm{T}}(t)(\varLambda\otimes K)\tilde{\varepsilon}(t)$，其中 $\tilde{\varepsilon}(t)=(D\otimes I_M)\varepsilon(t)$, $\bar{\varepsilon}(t)=(H_{\bar{R}}\otimes K)\tilde{\varepsilon}(t)$ 和 $\varLambda$ 是正定的矩阵。则函数的时间导数为

$$\begin{aligned}\dot{V}_1(t)=&2\varepsilon^{\mathrm{T}}(t)(H_{\bar{R}}\otimes K)\dot{\varepsilon}(t)\\\leqslant&\varepsilon^{\mathrm{T}}(t)(H_{\bar{R}}\otimes K)((A_0^{\mathrm{T}}+A_0)-2c_1(1-\gamma)(H_{\bar{R}}\otimes K))\varepsilon(t)\\&-2c_2(1-\gamma)^{\frac{m}{n}}\varepsilon^{\mathrm{T}}(t)(H_{\bar{R}}\otimes K)((H_{\bar{R}}\otimes K)\varepsilon(t))^{\frac{m}{n}}\\&-2c_3(1-\gamma)^{\frac{p}{q}}\varepsilon^{\mathrm{T}}(t)(H_{\bar{R}}\otimes K)((H_{\bar{R}}\otimes K)\varepsilon(t))^{\frac{p}{q}}\\\leqslant&\tilde{\varepsilon}^{\mathrm{T}}(t)\lambda_{\max}((A_0^{\mathrm{T}}K+KA_0)-2\lambda_{\max}c_1(1-\gamma)K^2)\tilde{\varepsilon}(t)\\&-2c_2(1-\gamma)^{\frac{m}{n}}(\bar{\varepsilon}^{\mathrm{T}}(t)\bar{\varepsilon}(t))^{\frac{m+n}{2n}}\end{aligned}$$

$$-2c_3(1-\gamma)^{\frac{p}{q}}m^{\frac{-p}{q}}M^{\frac{q-p}{q}}(\bar{\varepsilon}^{\mathrm{T}}(t)\bar{\varepsilon}(t))^{\frac{p+q}{2q}}$$
$$\leqslant -2\partial_1 V_1^{\frac{m+n}{2n}}-2\partial_2 V_1^{\frac{p+q}{2q}}$$

然后，依据这个固定时间稳定性引理，可得这个辅助函数追踪误差可以在时刻$T_{11}=\dfrac{n}{(n-m)\partial_1}+\dfrac{q}{(p-q)\partial_2}$实现收敛性分析，即

$$\lim_{t\to T_{11}}\varepsilon_i(t)=0=\lim_{t\to T_{11}}|\xi_i(t)-\upsilon_i x_0(t)|=0 \tag{7.25}$$

其中，$\partial_1=c_2(1-\gamma)^{\frac{m}{n}}\omega^{\frac{m+n}{2n}}$；$\partial_2=c_3(1-\gamma)^{\frac{p}{q}}m^{-\frac{p}{q}}M^{\frac{q-p}{q}}\omega^{\frac{p+q}{2q}}$；$\omega=\dfrac{\lambda_{\min}(H^2\otimes K^2)}{\lambda_{\max}(H\otimes K)}$。

接下来，利用输出调节方程（7.22）证明这个异构多智能体下的固定时间量化输出一致。假设系统调节误差为$\varsigma_i(t)=x_i(t)-\varXi_i\xi_i(t)$，并且令

$$\varsigma(t)=[\varsigma_1^{\mathrm{T}}(t),\cdots,\varsigma_M^{\mathrm{T}}(t)]^{\mathrm{T}}$$

则调节误差$\varsigma(t)$的时间导数可以写成

$$\begin{aligned}\dot{\varsigma}_i(t)&=\dot{x}_i(t)-\varXi_i\dot{\xi}_i(t)\\&=A_i x_i(t)+B_i u_i(t)-\varXi_i(A_0\xi_i(t)+c_1K\varPi_i(\xi_i(t))\\&\quad+c_2(K\varPi_i(\xi_i(t)))^{\frac{m}{n}}+c_3(K\varPi_i(\xi_i(t)))^{\frac{p}{q}})\\&\leqslant(A_i+B_iK_{1i})\varsigma_i(t)-\mu_1B_iK_{3i}\mathrm{sig}(\varsigma_i(t))^{\alpha}\\&\quad-\mu_2B_iK_{3i}\mathrm{sig}(\varsigma_i(t))^{\beta}+c_1(1-\gamma)(\varXi_iH_{\bar{R}}\otimes K)\varepsilon(t)\\&\quad+c_2(1-\gamma)^{\frac{m}{n}}((\varXi_iH_{\bar{R}}\otimes K)\varepsilon(t))^{\frac{m}{n}}\\&\quad+c_3(1-\gamma)^{\frac{p}{q}}((\varXi_iH_{\bar{R}}\otimes K)\varepsilon(t))^{\frac{p}{q}}\\\dot{\varsigma}(t)&\leqslant(A+BK_1)\varsigma(t)-\mu_1\mathrm{sig}(\varsigma(t))^{\alpha}-\mu_2\mathrm{sig}(\varsigma(t))^{\beta}\end{aligned}$$

然后，构建一个关于调节误差的 Lyapunov 函数：

$$V_{\varsigma}(t)=\frac{1}{2}\varsigma^{\mathrm{T}}(t)\varsigma(t)$$

同理可以得到

$$\begin{aligned}\dot{V}_{\varsigma}(t)&=\varsigma^{\mathrm{T}}(t)\dot{\varsigma}(t)\\&=\varsigma^{\mathrm{T}}(t)((A+BK_1)\varsigma(t)-\mu_1\mathrm{sig}(\varsigma(t))^{\alpha}-\mu_2\mathrm{sig}(\varsigma(t))^{\beta})\\&\leqslant-\mu_1(V_{\varsigma}(t))^{\frac{1+\alpha}{2}}-\mu_2m_0^{-\beta}M^{\frac{1-\beta}{2}}(V_{\varsigma}(t))^{\frac{1+\beta}{2}}\end{aligned}\tag{7.26}$$

因此，可以得到结论：调节误差在T_{12}可以收敛到零，即$\lim\limits_{t\to T_{12}}\varsigma(t)=0$成立。从而可以从式（7.25）和式（7.26）中得到输出误差$y_i-\upsilon_i y_0$在时刻T_1时收敛，即

$$\lim_{t\to T_{11}+T_{12}}(y_i-\upsilon_i y_0)=\lim_{t\to T_{11}+T_{12}}(c_i\varXi_i\upsilon_i x_0-c_0\upsilon_i x_0)=0$$

成立。也就是说，基于对数量化的异构系统通过应用输出调节技术和固定时间稳定性引理，在一个固定的时间内可以达到输出一致性。

注释 7.1　以上讨论的是异构多智能体系统的跟踪一致性问题，其中领导者的系统状态矩阵信息可以通过所有的智能体获取，但是这种情况在实际的应用过程中是不存在的。为了克服这种系统约束，一个自适应的控制算法已经被引用在很多文章中。因此，接下来也引入自适应的概念，将补偿器系统设计成为一个自适应的领导者矩阵使得基于对数量化下的异构多智能体系统同样可以实现固定时间输出收敛。

7.3.3　基于量化通信的自适应固定时间输出一致

在本节中，对于每一个跟随者智能体都不能完全获取领导者的系统动态时，求解固定时间输出调节方程的自适应解。接下来通过设计一个带有量化的状态补偿器控制协议来解决固定时间输出一致性问题，并且领导者的系统状态是不完全可知的。首先提出一个自适应固定时间状态补偿器：

$$\begin{aligned}\dot{\xi}_i(t)&=A_0^i\xi_i(t)+cq\left(\sum_{j=0}^{M}|a_{ij}|(\xi_j(t)-\operatorname{sgn}(a_{ij})\xi_i(t))\right)+\varPsi_i(\xi_i(t))\\ \varPsi_i(\xi_i(t))&=\theta_1 q\left(\sum_{j=0}^{M}|a_{ij}|(\xi_j(t)-\operatorname{sgn}(a_{ij})\xi_i(t))^{\frac{m}{n}}\right)\\ &\quad+\theta_2 q\left(\sum_{j=0}^{M}|a_{ij}|(\xi_j(t)-\operatorname{sgn}(a_{ij})\xi_i(t))^{\frac{p}{q}}\right)\end{aligned}\tag{7.27}$$

$$\begin{aligned}\dot{A}_0^i&=\chi_1\left(\sum_{j=1}^{M}|a_{ij}|(A_0^j-A_0^i)+a_{i0}(A_0-A_0^i)\right)^{\tilde{\alpha}}\\ &\quad+\chi_2\left(\sum_{j=1}^{M}|a_{ij}|(A_0^j-A_0^i)+a_{i0}(A_0-A_0^i)\right)^{\tilde{\beta}}\end{aligned}\tag{7.28}$$

公式中的参数设计满足 $c>0$，$0<\tilde{\alpha}<1$，$1<\tilde{\beta}$ 和 $\chi_1,\chi_2>0$。定义这个系统状态的误差变量为 $E_i=A_0^i-A_0$，$i=1,2,\cdots,M$，然后对 E_i 作时间导数可得

$$
\begin{aligned}
\dot{E}_i &= \chi_1\left(\sum_{j=1}^{M}|a_{ij}|(A_0^j - A_0^i) + a_{i0}(A_0 - A_0^i)\right)^{\tilde{\alpha}} \\
&\quad + \chi_2\left(\sum_{j=1}^{M}|a_{ij}|(A_0^j - A_0^i) + a_{i0}(A_0 - A_0^i)\right)^{\tilde{\beta}} \\
&= -\chi_1\left(\sum_{j=0}^{M}|a_{ij}|(E_i - E_j)\right)^{\tilde{\alpha}} - \chi_2\left(\sum_{j=0}^{M}|a_{ij}|(E_i - E_j)\right)^{\tilde{\beta}}
\end{aligned} \tag{7.29}
$$

构建关于 E_i 的 Lyapunov 函数：

$$
V_{A_0^i} = \sum_{i=1}^{M} E_i^2
$$

通过对 V 函数求时间导数可得

$$
\begin{aligned}
\dot{V}_{A_0^i} &= 2\sum_{i=1}^{M} E_i \dot{E}_i \\
&= 2\sum_{i=1}^{M} E_i\left(-\chi_1\left(\sum_{j=0}^{M}|a_{ij}|(E_i - E_j)\right)^{\tilde{\alpha}}\right) \\
&\quad - 2\sum_{i=1}^{M} E_i\left(\chi_2\left(\sum_{j=0}^{M}|a_{ij}|(E_i - E_j)\right)^{\tilde{\beta}}\right) \\
&\leqslant -\chi_1\left(\sum_{i=1}^{M}\sum_{j=0}^{M}|a_{ij}|^{\frac{2\tilde{\alpha}}{\tilde{\alpha}+1}}(E_i - E_j)^2\right)^{\frac{\tilde{\alpha}+1}{2}} \\
&\quad - \chi_2\left(\sum_{i=1}^{M}\sum_{j=0}^{M}|a_{ij}|^{\frac{2\tilde{\beta}}{\tilde{\beta}+1}}(E_i - E_j)^2\right)^{\frac{\tilde{\beta}+1}{2}}
\end{aligned} \tag{7.30}
$$

依据引理 7.1，可以得到如下不等式：

$$
\begin{cases}
\displaystyle\sum_{i=1}^{M}\sum_{j=0}^{M}|a_{ij}|^{\frac{2\tilde{\alpha}}{\tilde{\alpha}+1}}(E_i - E_j)^2 = 2E_i^{\mathrm{T}}\Re_1 E_i \geqslant 4\lambda_{\min}(\Re_1)V_{A_0^i} \\
\displaystyle\sum_{i=1}^{M}\sum_{j=0}^{M}|a_{ij}|^{\frac{2\tilde{\beta}}{\tilde{\beta}+1}}(E_i - E_j)^2 = 2E_i^{\mathrm{T}}\Re_2 E_i \geqslant 4\lambda_{\min}(\Re_2)V_{A_0^i}
\end{cases} \tag{7.31}
$$

其中，拓扑图 $g(A^{\left[\frac{2\tilde{\alpha}}{\tilde{\alpha}+1}\right]})$ 和 $g(A^{\left[\frac{2\tilde{\beta}}{\tilde{\beta}+1}\right]})$ 的拉普拉斯矩阵分别表示为 $\Re_1$ 和 $\Re_2$。于是式（7.30）可以被重写为

$$\begin{aligned}\dot{V}_{A_0^i} &\leqslant -\chi_1(4\lambda_{\min}(\Re_1)V_{A_0^i})^{\frac{\tilde{\alpha}+1}{2}} - \chi_2(4\lambda_{\min}(\Re_2)V_{A_0^i})^{\frac{\tilde{\beta}+1}{2}} \\ &= -\kappa V_{A_0^i}^{\frac{\tilde{\alpha}+1}{2}} - \varpi V_{A_0^i}^{\frac{\tilde{\beta}+1}{2}}\end{aligned} \tag{7.32}$$

因此，这个分布式动态系统矩阵可以在一个固定时间之前实现观测一致并且这个观测时间为 $T_{A_0^i} = 2\left(\dfrac{1}{\kappa(1-\tilde{\alpha})} + \dfrac{1}{\varpi(\tilde{\beta}-1)}\right)$，其中 $\kappa = 2^{\tilde{\alpha}+1}\chi_1\lambda_{\min}(\Re_1)^{\frac{\tilde{\alpha}+1}{2}}$，$\varpi = 2^{\tilde{\beta}+1}\chi_2\lambda_{\min}(\Re_2)^{\frac{\tilde{\beta}+1}{2}}$。

定理 7.4　考虑由模型（7.20）和（7.21）组成的异构线性多智能体系统，系统内部经过信息量化处理并且设计一个分布式自适应固定时间输出一致控制协议（7.25）、（7.27）和（7.32），并且假设 7.4～假设 7.7 成立。控制参数和矩阵满足如下条件：

（1）参数 $c > \dfrac{1}{\lambda_{\max(H_{\tilde{R}})}(1-\gamma)}$，$\theta_1 > 0, \theta_2 > 0$ 和不等式 $A_0^{\mathrm{T}} + A_0 - 2I < 0$ 都成立；

（2）控制增益矩阵后续被设计 K_{1i} 使得 $A_i + B_iK_{1i}$ 是 Hurwitz 的，并且 K_{2i} 和 K_{3i} 分别满足 $K_{2i} = U_i - K_{1i}\Xi_i$ 和 $B_iK_{3i} = I$。

因此，分布式自适应补偿器可以实现固定时间收敛。

证明　根据控制协议（7.25），令 $\delta_i(t) = \xi_i(t) - \upsilon_i x_0(t)$。接下来，证明这个基于量化信息的固定时间补偿器可以实现收敛一致。

对于任意的时间 t，可以得到

$$\begin{aligned}\dot{\delta}_i(t) &= \dot{\xi}_i(t) - \upsilon_i\dot{x}_0(t) \\ &= A_0^i\xi_i(t) + cq\left(\sum_{j=0}^{M}|a_{ij}|(\xi_j(t) - \operatorname{sgn}(a_{ij})\xi_i(t))\right) \\ &\quad + \Psi_i(\xi_i(t)) - \upsilon_i A_0 x_0(t) \\ &\leqslant A_0\delta_i(t) - c(1-\gamma)\sum_{j=0}^{M}|a_{ij}|(\delta_j(t) - \delta_i(t)) \\ &\quad - \theta_1(1-\gamma)\left(\sum_{j=0}^{M}|a_{ij}|(\delta_j(t) - \delta_i(t))\right)^{\frac{m}{n}} \\ &\quad - \theta_2(1-\gamma)\left(\sum_{j=0}^{M}|a_{ij}|(\delta_j(t) - \delta_i(t))\right)^{\frac{p}{q}} \\ &\quad + E_i\delta_i(t) + \upsilon_i E_i x_0(t)\end{aligned}$$

$$\begin{aligned}\dot{\delta}(t)=&(I_M\otimes A_0-c(1-\gamma)(H_{\bar{R}}\otimes I))\delta(t)\\&-\theta_1(1-\gamma)((H_{\bar{R}}\otimes I)\delta(t))^{\frac{m}{n}}\\&-\theta_2(1-\gamma)((H_{\bar{R}}\otimes I)\delta(t))^{\frac{p}{q}}\\&+E\delta(t)+(D\otimes I_M)E(I_M\otimes x_0(t))\end{aligned}\tag{7.33}$$

其中，$\delta(t)=[\delta_1^{\mathrm{T}}(t),\cdots,\delta_M^{\mathrm{T}}(t)]^{\mathrm{T}}$；$E=[E_1(t),\cdots,E_M(t)]$。

考虑如下的 Lyapunov 函数：

$$V_2=\delta^{\mathrm{T}}(t)(H_{\bar{R}}\otimes I)\delta(t)$$

那么可以得到

$$\begin{aligned}\dot{V}_2=&2\delta^{\mathrm{T}}(t)(H_{\bar{R}}\otimes I)\dot{\delta}(t)\\\leqslant&\delta^{\mathrm{T}}(t)(H_{\bar{R}}\otimes(A_0^{\mathrm{T}}+A_0)-2c(1-\gamma)(H_{\bar{R}}^2\otimes I^2))\delta(t)\\&-2\theta_1(1-\gamma)\delta^{\mathrm{T}}(t)(H_{\bar{R}}\otimes I)((H_{\bar{R}}\otimes I)\delta(t))^{\frac{m}{n}}\\&-2\theta_2(1-\gamma)\delta^{\mathrm{T}}(t)(H_{\bar{R}}\otimes I)((H_{\bar{R}}\otimes I)\delta(t))^{\frac{p}{q}}\\&+2\delta^{\mathrm{T}}(t)(H_{\bar{R}}\otimes I)E\delta(t)\\&+2\delta^{\mathrm{T}}(t)(H_{\bar{R}}D\otimes I)E(I_M\otimes x_0(t))\\\leqslant&\lambda_{\max}\delta^{\mathrm{T}}(t)(A_0^{\mathrm{T}}+A_0-2c\lambda_{\max}(1-\gamma))\delta(t)\\&-2\theta_1(1-\gamma)\tilde{\delta}(t)\mathrm{sig}(\tilde{\delta}(t))^{\frac{m}{n}}\\&-2\theta_2(1-\gamma)\tilde{\delta}(t)\mathrm{sig}(\tilde{\delta}(t))^{\frac{p}{q}}\\\leqslant&-\ell_1V^{\frac{m+n}{2n}}-\ell_2V^{\frac{p+q}{2q}}\end{aligned}$$

其中，令 $\tilde{\delta}(t)=(H_{\bar{R}}\otimes I)\delta(t)$，并且这个补偿器固定时间追踪一致可以在

$$T_{21}=\frac{2n}{\ell_1(n-m)}+\frac{2q}{\ell_2(p-q)}$$

时刻达到，其中，$\ell_1=2c_2(1-\gamma)\rho,\ell_2=2c_3(1-\gamma)m^{-\frac{p}{q}}M^{\frac{q-p}{q}}\rho$，$\rho=\dfrac{\lambda_{\min}(H^2)}{\lambda_{\max}(H)}$。

进一步，令 $\varphi_i(t)=x_i(t)-\varXi_i\xi_i(t)$，对于固定时间输出一致控制算法（7.24），可以得到

$$
\begin{aligned}
\dot{\varphi}_i(t) &= \dot{x}_i(t) - \Xi_i \dot{\xi}_i(t) \\
&= A_i x_i(t) + B_i u_i(t) - \Xi_i A_0^i \xi_i(t) \\
&\quad + c_1(1-\gamma)(\Xi_i H_{\bar{R}} \otimes I)\delta_i(t) \\
&\quad + c_2(1-\gamma)\Xi_i((H_{\bar{R}} \otimes I)\delta_i(t))^{\frac{m}{n}} \\
&\quad + c_3(1-\gamma)\Xi_i((H_{\bar{R}} \otimes I)\delta_i(t))^{\frac{p}{q}} \\
&= (A_i + B_i K_{1i})\varphi_i(t) - \mu_1 B_i K_{3i} \mathrm{sig}\{\varphi_i(t)\}^{\alpha} \\
&\quad - \mu_2 B_i K_{3i} \mathrm{sig}\{\varphi_i(t)\}^{\beta} - \Xi_i E_i \xi_i(t)
\end{aligned}
$$

$$
\dot{\varphi}(t) = (A + BK_1)\varphi(t) - \mu_1 \mathrm{sig}\{\varphi(t)\}^{\alpha} - \mu_2 \mathrm{sig}\{\varphi(t)\}^{\beta} \tag{7.34}
$$

接着，构建 Lyapunov 函数：

$$
V_{\varsigma}(t) = \frac{1}{2}\varphi^{\mathrm{T}}(t)\varphi(t)
$$

这个 V 函数的证明过程与定理 4.1 完全类似，因此，可以得到

$$
\lim_{t\to T_{11}+T_{12}} (y_i - \upsilon_i y_0) = \lim_{t\to T_{11}+T_{12}} (c_i \Xi_i \upsilon_i x_0 - c_0 \upsilon_i x_0) = 0
$$

结论得证。

注释 7.2　讨论式（7.23）和式（7.27），值得注意的是，这个分布式状态补偿器（7.29）的应用价值对于带有合作和竞争关系的异构多智能体系统而言是更加广泛的。这个自适应控制器不仅可以避免所有的智能体都从领导者的系统状态中获取信息造成信息的浪费，也有效地减缓了这个系统的有害抖振现象。

7.3.4　数值仿真

本小节给出两个模拟仿真的例子用来证明提出算法的可行性和合理性。

首先考虑一个由 5 个跟随者和 1 个领导者组成的异构多智能体系统如图 7-5 所示。并且从拓扑图中可以看出智能体 1、2 是属于一组，智能体 3、4、5 属于与智能体 1、2 对抗的另一组，并且智能体 0 代表着领导者。由于通信拓扑图是结构平衡的，很容易得到拉普拉斯矩阵 L。

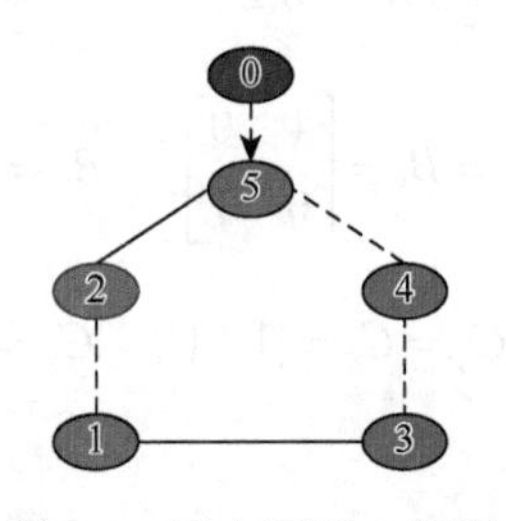

图 7-5　无向通信二部图

多智能体是异构系统且每一个智能体的动态系统都不相同，用下式表示第 i 个智能体的动态方程：

$$\dot{x}_i(t)=\begin{bmatrix} s_i & 1 \\ f_i & a_i \end{bmatrix} x_i(t)+B_i u_i$$

$$y_i(t)=(b_i,d_i)x_i(t), \quad i=1,\cdots,5$$

其中，$\{s_i,f_i,a_i,b_i,d_i\}, i=1,2,3,4,5$ 分别被赋予下一数值集合 $\{0,-1,0,1,1\}$, $\{1,-1,0.5,1,0\}$, $\{1,-1,0.5,1,0\}$ 和 $\{0,-1,0,1,1\}$, $\{0,-1,0,1,1\}$。对于智能体 0 这个领导者的系统参数矩阵设计为

$$A_0=\begin{bmatrix} 0 & 1 \\ -1 & 0 \end{bmatrix}$$

考虑智能体的状态空间维数设计，第 i 个智能体的状态为

$$x_i(t)=[x_{1i},x_{2i}]^{\mathrm{T}}$$

其中，x_{1i} 和 x_{2i} 分别被看作位置状态和速度状态。

根据假设 7.4～假设 7.7 成立，通过调节方程（7.22）和 K_{2i} 满足 $K_{2i}=U_i-K_{1i}\varXi_i$，得到其余的参数矩阵如下：

$$K_{11}=K_{14}=K_{15}=\begin{bmatrix} 0 & 0 \\ -1.5 & -1 \end{bmatrix}, \quad K_{12}=K_{13}=[-3.5 \quad 1.25]$$

$$K_{21}=K_{24}=K_{25}=\begin{bmatrix} -2 & 0.4 \\ 1.5 & 3.6 \end{bmatrix}, \quad K_{22}=K_{23}=[2.4 \quad 0.8]$$

$$U_1=U_4=U_5=\begin{bmatrix} -2 & 0.4 \\ 0.4 & 2 \end{bmatrix}, \quad U_2=U_3=[-1.6 \quad -1.2]$$

$$\varXi_1=\varXi_4=\varXi_5=\begin{bmatrix} 0.2 & 1.2 \\ 0.8 & -0.2 \end{bmatrix}, \quad \varXi_2=\varXi_3=\begin{bmatrix} 1 & 1 \\ -0.4 & 1.2 \end{bmatrix}$$

$$B_1=B_4=B_5=\begin{bmatrix} 1 & 0 \\ 0 & 1 \end{bmatrix}, \quad B_2=B_3=\begin{bmatrix} 1 \\ 0 \end{bmatrix}$$

$$C_0=C_1=C_4=C_5=[1 \quad 1], \quad C_2=C_3=[1 \quad 0]$$

例 7.1　根据定理 7.3，选取相关参数为 $c_2 = 4.8, c_3 = 6$ 和 $c_1 = 4.5 > \dfrac{1}{\lambda_{\max}(H_{\bar{R}})(1-\gamma)} = 0.4495$，其中，$\gamma = 0.6$ 是量化精度。选取补偿器参数和控制器参数分别为 $n = 5, m = 3, p = 7, q = 5$ 和 $\alpha = \dfrac{1}{3}, \beta = \dfrac{5}{3}$，并且选取任意的初始值作为输入状态。因此，得到固定时间输出状态如图 7-6 所示，状态补偿器误差如图 7-7 和图 7-8 所示，固定时间输出误差如图 7-9 所示。

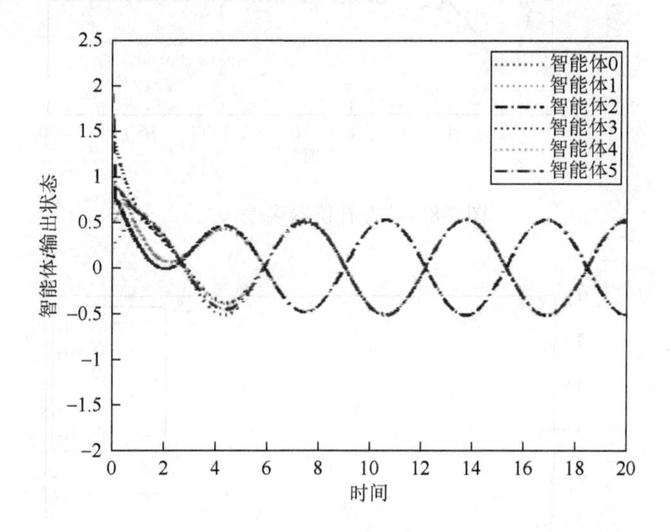

图 7-6　基于量化的固定时间输出状态

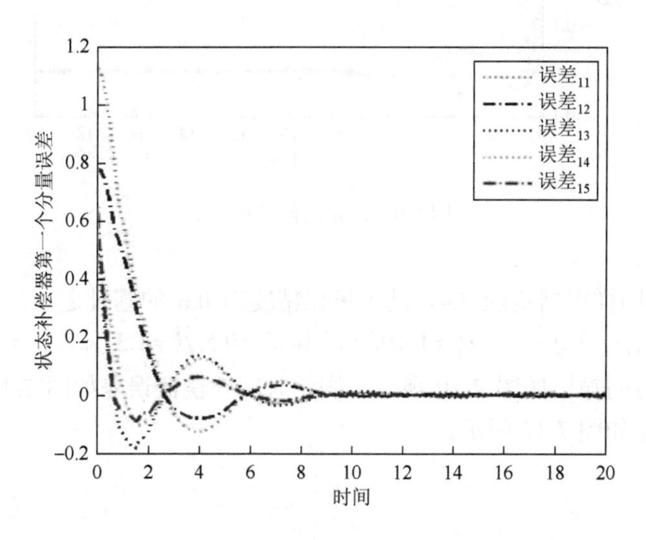

图 7-7　状态补偿器误差（一）

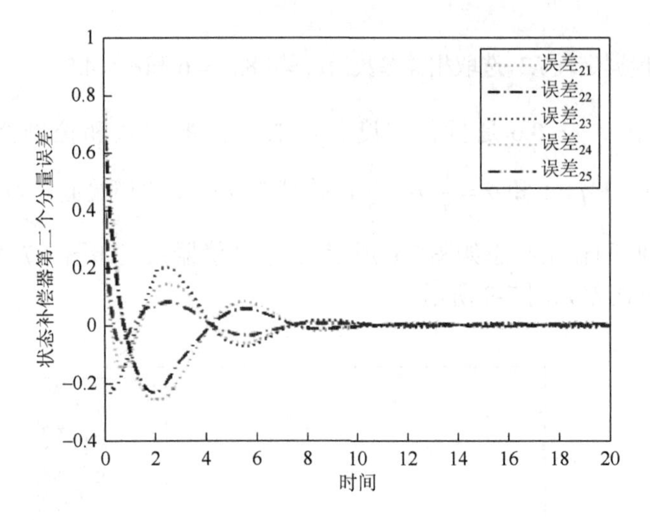

图 7-8 状态补偿器误差（二）

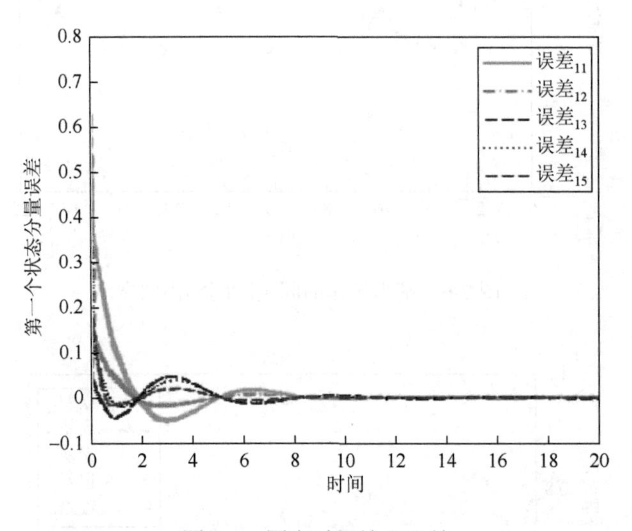

图 7-9 固定时间输出误差

例 7.2 同样根据定理 7.4，基于量化精度为 0.6 的基础之上，选取合适的参数 $n=5,m=3,p=7,q=5$， $\theta_1=10,\theta_2=15$ 和 $\bar{\alpha}=0.5,\bar{\beta}=1.3,\chi_1=\chi_1=10.5$ 。得到其自适应固定时间输出如图 7-10 所示，固定时间补偿器误差如图 7-11 所示，固定时间输出误差如图 7-12 所示。

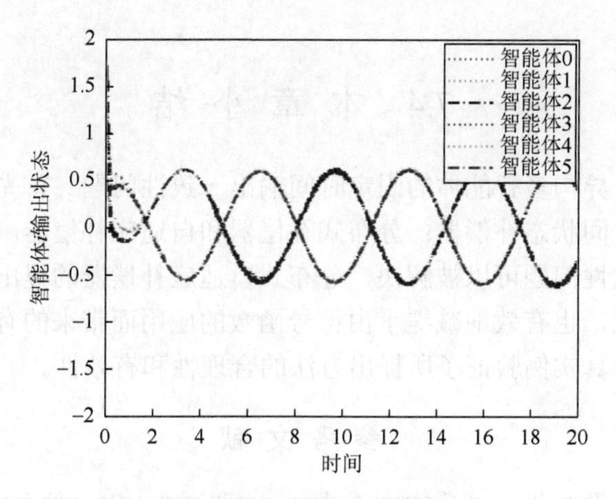

图 7-10　自适应固定时间输出

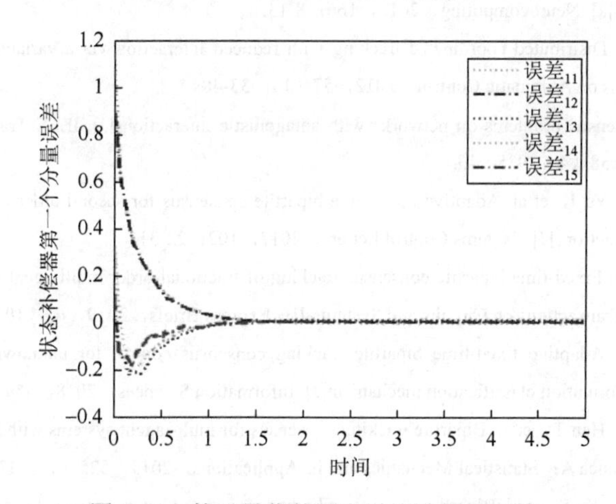

图 7-11　基于量化的固定时间补偿器误差

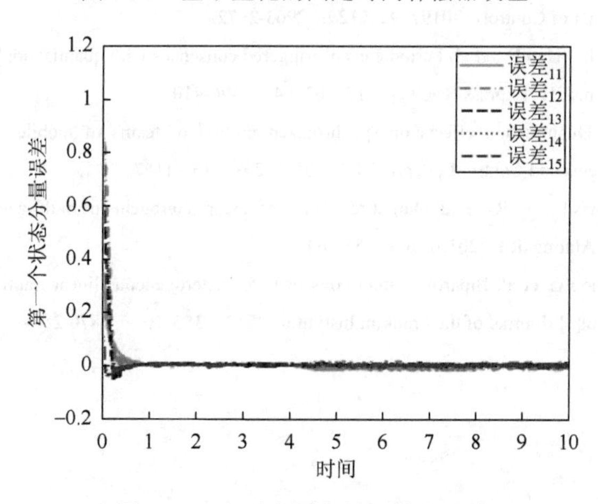

图 7-12　自适应固定时间输出误差

7.4 本章小结

本章讨论了异构多智能体的固定时间输出一致性问题。首先，提出了两个基于量化的固定时间状态补偿器：分布式补偿器和自适应补偿器。其次，证明了固定时间输出一致性问题可以被解决，分布式自适应补偿器的提出不仅减少了对领导者系统的损耗，也有效地减缓了由符号函数的应用而带来的有害抖振现象。最后，两个数值仿真实例验证了所提出方法的合理性和有效性。

参考文献

[1] Chu H，Cai Y，Zhang W，et al. Consensus tracking for multi-agent systems with directed graph via distributed adaptive protocol[J]. Neurocomputing，2015，166：8-13.

[2] Cao Y，Ren W. Distributed coordinated tracking with reduced interaction via a variable structure approach[J]. IEEE Transactions on Automatic Control，2012，57（1）：33-48.

[3] Altafini C. Consensus problems on networks with antagonistic interactions[J]. IEEE Transactions on Automatic Control，2013，58（4）：935-946.

[4] Zhao L，Jia Y，Yu J，et al. Adaptive finite-time bipartite consensus for second-order multi-agent systems with antagonistic interactions[J]. Systems Control Letters，2017，102：22-31.

[5] Gong P，Han Q. Fixed-time bipartite consensus tracking of fractional-order multi-agent systems with a dynamic leader[J]. IEEE Transactions on Circuits and Systems-II：Express Briefs，2019，67（10）：2054-2058.

[6] Yang H，Ye D. Adaptive fixed-time bipartite tracking consensus control for unknown nonlinear multi-agent systems：An information classification mechanism[J]. Information Sciences，2018，459：238-254.

[7] Wu J，Deng Q，Han T，et al. Bipartite tracking consensus for mult-iagent systems with Lipschitz-type nonlinear dynamics[J]. Physica A：Statistical Mechanics and its Applications，2019，525（1）：1360-1369.

[8] Jiao Q，Zhang J，Xu S，et al. Bipartite tracking of homogeneous and heterogeneous linear multi-agent systems[J]. International Journal of Control，2019，92（12）：2963-2972.

[9] Zhang Z，Zhang L，Hao F，et al. Periodic event-triggered consensus with quantization[J]. IEEE Transactions on Circuits and Systems-II：Express Briefs，2019，63（4）：406-410.

[10] Liu H，Cao M. Quantization effects on synchronized motion of teams of mobile agents with second-order dynamics[J]. Systems and Control Letters，2012，61（12）：1157-1167.

[11] Yaghmaie F，Lewis F，Su R，et al. Output regulation of linear heterogeneous multi-agent systems via output and state feedback[J]. Automatica，2016，67：157-164.

[12] Li E，Ma Q，Zhou G. et al. Bipartite output consensus for heterogeneous linear multi-agent systems with fully distributed protocol[J]. Journal of the Franklin Institute，2019，356（5）：2870-2884.

第 8 章　基于干扰观测器的抗干扰双边包含控制

8.1　引　　言

近年来，网络系统和多智能体系统都有广泛应用。与网络系统相比，多智能体系统具有更高的效率，更低的成本，更少的通信需求等显著优点。到目前为止，已有大量关于多智能体系统的相关研究。其中，包含控制是其中的研究热点，它使每个跟随者逐渐收敛到由所有领导者组成的凸包内。Yu 等[1]考虑了一组辅助系统来处理未知内部非线性的有限时间包含控制。Li 等[2]设计了具有时滞的二阶多智能体系统的事件触发自适应包含控制协议。

值得注意的是，上述结果主要考虑到智能体间相互合作。但是，合作和竞争在现实中可以同时存在。所以，智能体间的沟通拓扑可以表示为以正/负权重代表合作/竞争的带符号加权有向图[3, 4]。Meng[5]最早研究符号图下的双边包含控制问题，结果表明与领导者合作的跟随者渐近地进入领导者组成的动态凸包内，而与领导者竞争的跟随者渐近地进入对称的虚拟动态凸包。Zuo 等[6]利用反馈控制理论和一些数学技巧，研究了一般通信拓扑下的输出双边包含控制问题。Zhou 等[7]通过状态观测方法和事件触发控制设计了自适应双边包含控制协议以有效节省有限的资源。Zhu 等[8]解决了一般符号网络下的奇异多智能体系统的双边包含控制，使问题更具有一般性与现实性。然而，以上研究很少讨论外部干扰。

众所周知，干扰在现实中广泛存在，并可能导致系统性能下降甚至不稳定。所以，很有必要减少干扰的影响[9-11]。目前，有很多方法可以解决这个问题，如滑模控制方法、内部模型方法等。Lu 等[12]采用滑模控制来实现非线性系统在有限时间内的包含控制，但是容易造成有害的抖动现象。Xu 等[13]通过内部模型方法研究了分布式输出一致性问题，但是很难解决非线性多智能体的内部模型。为了进一步提高干扰处理能力，Deng 等[14]介绍了干扰观测器控制方法。

由于干扰观测器有更准确、更强的干扰抑制能力，更好的扩展性和更低的保守性，许多研究人员致力于将干扰观测器[15, 16]的应用扩展到多智能体系统。Wang 等[17]通过干扰观测器研究在间歇通信下含外部干扰的多智能体系统的一致性跟踪。Liu 等[18]提出了基于动态增益技术的控制器以实现非线性渐近抗干扰。然而，据本书所知，在合作竞争网络下带干扰的含多领导者的多智能体系统至今无人研究。另外，如果扰动是由同构外干扰系统产生[19]，这样将严重限制完成一些复杂任务。因此，如何处理由异构非线性外干扰系统产生的干扰以实现多智能体系统的双边包含控制是一项重要且具有挑战性的研究。

出于上述讨论的考虑，处理了含非线性异构外干扰系统产生的干扰的多智能体系统的双边包含控制。本章主要创新点如下：①与双边包含控制[17]相比，本章考虑了非有界干扰问题；②与抗干扰包含控制相比，本章将非负拓扑图推广到含负权重的拓扑图中，这使得系统应用面更广，另外，由非线性外部系统产生的干扰比线性系统产生的信号更多，实用性更强；③基于干扰观测器方法和动态增益方法，提出了新的双边包含抗干扰控制器。

8.2 问 题 描 述

本章考虑跟随者与领导者集合分别为 $F=\{1,2,\cdots,l\}, R=\{l+1,l+2,\cdots,l+h\}$，智能体的动态模型表示方法如下：

$$
\text{跟随者：}\begin{cases}\dot{r}_i(t)=Ar_i(t)+Bu_i(t)+Bd_i(t)\\ y_i(t)=Dr_i(t)\end{cases} \tag{8.1}
$$

$$
\text{领导者：}\begin{cases}\dot{r}_k(t)=Ar_k(t)\\ y_k(t)=Dr_k(t)\end{cases} \tag{8.2}
$$

其中，$r_i(t),u_i(t),d_i(t),y_i(t)$ 分别表示跟随者 $i\in F$ 的状态向量、控制输入、外部干扰和输出；$r_k(t),y_k(t)$ 分别表示领导者 $k\in R$ 的状态向量和输出信息；A,B,D 是常数系统矩阵。

对于系统（8.1），未知干扰 $d_i(t)$ 由以下异构非线性外系统产生：

$$
\begin{cases}d_i(t)=H_i\eta_i(t)\\ \dot{\eta}_i(t)=F_i\eta_i(t)+\psi_i(\eta_i(t))\end{cases} \tag{8.3}
$$

其中，$\eta_i(t)$ 表示非线性外系统的内部状态；H_i,F_i 表示含合适维度的常数矩阵；$\psi_i(\eta_i(t))$ 是连续函数并且对时间 t 可微。

假设 8.1 存在非负常数 C 使得 $\|\psi_i(\eta_{i1}(t))-\psi_i(\eta_{i2}(t))\|\leqslant C\|\eta_{i1}(t)-\eta_{i2}(t)\|$。

定义双边包含误差为

$$
e_i(t)=\sum_{j=1}^{l}(|a_{ij}|r_i(t)-a_{ij}r_j(t))+\sum_{k=l+1}^{l+h}(|g_i^k|r_i(t)-g_i^k r_k(t)) \tag{8.4}
$$

为了简单，设定 $e=[e_1^{\mathrm{T}},e_2^{\mathrm{T}},\cdots,e_l^{\mathrm{T}}]^{\mathrm{T}}, r=[r_1^{\mathrm{T}},r_2^{\mathrm{T}},\cdots,r_l^{\mathrm{T}}]^{\mathrm{T}}, \overline{r}_k=1\otimes r_k$，双边包含误差可等价表示为

$$
\begin{aligned}
e(t) &= ((\bar{D}-A)\otimes I)r(t) + \sum_{k=l+1}^{l+h}(\bar{G}\otimes I)r(t) - \sum_{k=l+1}^{l+h}(G_k\otimes I)(1\otimes r_k(t)) \\
&= \sum_{k=l+1}^{l+h}(\varphi_k\otimes I)r(t) - \sum_{k=l+1}^{l+h}(G_k\otimes I)\overline{r_k}(t)
\end{aligned}
$$

引理 8.1　假设 2.1 下，若 $\lim\limits_{t\to\infty} e_i(t)=0$，则系统（8.1）和系统（8.2）可以实现双边包含控制。

证明　证明过程与文献[14]中的引理 1 类似，故此处省略。

8.3　具有干扰观测器的状态反馈双边包含控制

以下基于状态反馈方法设计的分布式控制器来解决双边包含问题：

$$
u(t) = Ke(t) - H\hat{\eta}(t) \tag{8.5}
$$

其中，$u=[u_1,u_2,\cdots,u_l]^{\mathrm{T}}$；$\hat{\eta}=[\hat{\eta}_1^{\mathrm{T}},\hat{\eta}_2^{\mathrm{T}},\cdots,\hat{\eta}_l^{\mathrm{T}}]^{\mathrm{T}}$；$H=\mathrm{diag}(H_1,H_2,\cdots,H_l)$；$K=-B^{\mathrm{T}}Q$。$\eta_i(t)$ 的测量值 $\hat{\eta}_i(t)$ 如下所示：

$$
\begin{cases}
\hat{\eta}_i(t) = \xi_i(t) + M_i r_i(t) \\
\dot{\xi}_i(t) = (F_i - M_i B H_i)(\xi_i(t)+M_i r_i(t)) - M_i(Ar_i(t)+Bu_i(t)) \\
\qquad \times \psi_i(\xi_i(t)+M_i r_i(t)) + \theta_i(t)(\eta_i(t)-\hat{\eta}_i(t)) \\
\dot{\hat{\theta}}_i(t) = (\eta_i(t)-\hat{\eta}_i(t))^{\mathrm{T}}(\eta_i(t)-\hat{\eta}_i(t)) \\
\hat{d}_i(t) = H_i\hat{\eta}_i(t)
\end{cases} \tag{8.6}
$$

其中，$\xi_i(t)$ 是观测器的内部变量；$\hat{d}_i(t)$ 是干扰观测器，将在矩阵 Q 之后设计。

定理 8.1　如果假设 8.1 成立，对于含控制输入式(8.5)的多智能体系统(8.1)和系统（8.2），若反馈增益满足 $K=-B^{\mathrm{T}}Q$，则系统可以实现双边包含控制，其中 Q 是以下矩阵不等式的正定解：

$$
A^{\mathrm{T}}Q + QA - 2QBB^{\mathrm{T}}Q + \frac{1}{2}I < 0
$$

证明　在开始双边包含控制的分析之前，令 $\sigma_i(t)=d_i(t)-\hat{d}_i(t),\tilde{\eta}_i(t)=\eta_i(t)-\hat{\eta}_i(t)$。根据式（8.2）和式（8.6），不难推测

$$
\begin{aligned}
\dot{\tilde{\eta}}_i(t) &= \dot{\eta}_i(t) - \dot{\hat{\eta}}_i(t) \\
&= F_i\eta_i(t) + \psi_i(\eta_i(t)) - ((F_i - M_iBH_i)\hat{\eta}_i(t) - M_i(Ar_i(t)+Bu_i(t)) \\
&\quad + \psi_i(\hat{\eta}_i(t)) + \theta_i(t)(\eta_i(t)-\hat{\eta}_i(t)) + M_i\dot{r}_i(t)) \\
&= F_i\eta_i(t) + \psi_i(\eta_i(t)) - (F_i - M_iBH_i)\hat{\eta}_i(t) \\
&\quad - \psi_i(\hat{\eta}_i(t)) - \theta_i(t)\tilde{\eta}_i(t) - M_iBd_i(t) \\
&= (F_i - M_iBH_i)\tilde{\eta}_i(t) + \psi_i(\eta_i(t)) - \psi_i(\hat{\eta}_i(t)) - \theta_i(t)\tilde{\eta}_i(t)
\end{aligned} \tag{8.7}
$$

定义 Lyapunov 函数 $V_i(t)=\tilde{\eta}_i^{\mathrm{T}}(t)\tilde{\eta}_i(t)+(\theta_i(t)-\bar{\theta})^2$，对 $V_i(t)$ 进行微分：

$$\begin{aligned}\dot{V}_i&=2\tilde{\eta}_i^{\mathrm{T}}(t)(F_i-M_iBH_i)\tilde{\eta}_i(t)+2\tilde{\eta}_i^{\mathrm{T}}(t)(\psi_i(\eta_i(t))-\psi_i(\hat{\eta}_i(t)))\\&\quad-2\tilde{\eta}_i^{\mathrm{T}}(t)\theta_i(t)\tilde{\eta}_i(t)+2(\theta_i(t)-\bar{\theta})\tilde{\eta}_i^{\mathrm{T}}(t)\tilde{\eta}_i(t)\\&\leqslant 2\lambda_{\max}(F_i-M_iBH_i)\|\tilde{\eta}_i(t)\|^2+2C\|\tilde{\eta}_i(t)\|^2-2\bar{\theta}\|\tilde{\eta}_i(t)\|^2\\&\leqslant-\gamma\|\tilde{\eta}_i(t)\|^2\end{aligned}$$

其中，正实数 $\bar{\theta}$ 满足 $\bar{\theta}\geqslant\lambda_{\max}(F_i-M_iBH_i)+C+\dfrac{1}{2}\gamma,\gamma>0$。根据稳定性理论，可得 $\lim\limits_{t\to\infty}\tilde{\eta}_i(t)=0$。

另外，智能体的动态可用矩阵形式描述为

$$\dot{r}(t)=(I\otimes A)r(t)-(I\otimes B)\left(\left(\sum_{k=l+1}^{l+h}\varphi_k\right)^{-1}\otimes B^{\mathrm{T}}Q\right)e(t)+(I\otimes B)H\tilde{\eta}(t)$$

$$\dot{\bar{r}}_k(t)=(I\otimes A)\bar{r}_k(t)$$

其中，$\tilde{\eta}=[\tilde{\eta}_1^{\mathrm{T}},\tilde{\eta}_2^{\mathrm{T}},\cdots,\tilde{\eta}_l^{\mathrm{T}}]^{\mathrm{T}}$。因此，$e(t)$ 的导数为

$$\begin{aligned}\dot{e}(t)&=\sum_{k=l+1}^{l+h}(\varphi_k\otimes I)\left((I\otimes A)r(t)-\left(\left(\sum_{k=l+1}^{l+h}\varphi_k\right)^{-1}\otimes BB^{\mathrm{T}}Q\right)e(t)-(I\otimes B)H\tilde{\eta}(t)\right)\\&\quad-\sum_{k=l+1}^{l+h}(G_k\otimes I)(I\otimes A)\bar{r}_k(t)\\&=(I\otimes(A-BB^{\mathrm{T}}Q))e(t)-\left(\left(\sum_{k=l+1}^{l+h}\varphi_k\right)\otimes B\right)H\tilde{\eta}(t)\end{aligned}$$

构造 Lyapunov 函数 $V(t)=e^{\mathrm{T}}(t)Qe(t)+\sum\limits_{i=1}^{l}V_i(t)$，$V(t)$ 的导数为

$$\begin{aligned}\dot{V}(t)&=e^{\mathrm{T}}(t)(I\otimes(A^{\mathrm{T}}Q+QA-2QBB^{\mathrm{T}}Q))e(t)-2e^{\mathrm{T}}(t)\left(Q\left(\sum_{k=l+1}^{l+h}\varphi_k\right)\otimes B\right)H\tilde{\eta}(t)+\sum_{i=1}^{l}\dot{V}_i(t)\\&\leqslant e^{\mathrm{T}}(t)\left(I\otimes\left(A^{\mathrm{T}}Q+QA-2QBB^{\mathrm{T}}Q+\frac{1}{2}I\right)\right)e(t)+\left(2\left\|Q\left(\left(\sum_{k=l+1}^{l+h}\varphi_k\right)\otimes B\right)H\right\|^2-\gamma\right)\|\tilde{\eta}(t)\|^2\\&<0\end{aligned}$$

其中，常数 γ 符合 $\gamma>2\left\|Q\left(\left(\sum\limits_{k=l+1}^{l+h}\varphi_k\right)\otimes B\right)H\right\|^2$。基于 Lyapunov 稳定性理论和 $\lim\limits_{t\to\infty}\tilde{\eta}_i(t)=0$，可得 $\lim\limits_{t\to\infty}e_i(t)=0,\lim\limits_{t\to\infty}\sigma_i(t)=0$。证毕。

8.4　具有干扰观测器的输出反馈双边包含控制

基于输出反馈方法的分布式控制器解决双边包含问题：

$$u(t) = K_1\hat{e}(t) - H\hat{\eta}(t) \tag{8.8}$$

其中，$u = [u_1, u_2, \cdots, u_l]^{\mathrm{T}}$；$\hat{\eta} = [\hat{\eta}_1^{\mathrm{T}}, \hat{\eta}_2^{\mathrm{T}}, \cdots, \hat{\eta}_l^{\mathrm{T}}]^{\mathrm{T}}$；$H = \mathrm{diag}(H_1, H_2, \cdots, H_l)$；$K_1 = -B^{\mathrm{T}}P$。并且 $\eta_i(t)$ 的测量值 $\hat{\eta}_i(t)$ 如下所示：

$$\begin{cases} \hat{\eta}_i(t) = \xi_i(t) + M_i\hat{r}_i(t) \\ \dot{\xi}_i(t) = (F_i - M_iBH_i)(\xi_i(t) + M_i\hat{r}_i(t)) - M_i(A\hat{r}_i(t) + Bu_i(t)) \\ \qquad + \psi_i(\xi_i(t) + M_i\hat{r}_i(t)) + \theta_i(t)(\eta_i(t) - \hat{\eta}_i(t)) \\ \dot{\theta}_i(t) = (\eta_i(t) - \hat{\eta}_i(t))^{\mathrm{T}}(\eta_i(t) - \hat{\eta}_i(t)) \\ \dot{\hat{r}}_i(t) = A\hat{r}_i(t) + Bu_i(t) + B\hat{d}_i(t) \\ \qquad - S_i\left(\sum_{j=1}^{l}(|a_{ij}|(y_i(t) - \hat{y}_i(t)) - a_{ij}(y_j(t) - \hat{y}_j(t))\right) \\ \qquad + \sum_{k=l+1}^{l+h}(|g_i^k|(y_i(t) - \hat{y}_i(t)) - g_i^k(y_k(t) - y_k(t))) \\ \hat{d}_i(t) = H_i\hat{\eta}_i(t) \end{cases} \tag{8.9}$$

其中，$\hat{y}_i(t) = D\hat{r}_i(t), \hat{r}_i(t)$ 是状态观测器；$\xi_i(t)$ 是观测器 $\hat{\eta}_i(t)$ 的内部变量；$\hat{d}_i(t)$ 是干扰观测器；$S = -P^{-1}D^{\mathrm{T}}, P$ 稍后进行设计。另外，状态观测误差 $\hat{e}_i$ 为

$$\hat{e}_i(t) = \sum_{j=1}^{l}(|a_{ij}|\hat{r}_i(t) - a_{ij}\hat{r}_j(t)) + \sum_{k=l+1}^{l+h}(|g_i^k|\hat{r}_i(t) - g_i^k r_k(t))$$

定理 8.2　如果假设 8.1 成立，对于含有控制输入式（8.8）的多智能体系统（8.1）和式（8.2），如果状态反馈为 $K_1 = -B^{\mathrm{T}}P$，则双边包含控制可以实现，其中 P 是以下矩阵不等式的正定解：

$$\begin{cases} PA + A^{\mathrm{T}}P - 2PBB^{\mathrm{T}}P + \lambda_{\max}(D^{\mathrm{T}}DD^{\mathrm{T}}D)I < 0 \\ PA + A^{\mathrm{T}}P - 2D^{\mathrm{T}}D + 3I < 0 \end{cases} \tag{8.10}$$

证明　在开始双边包含控制的分析之前，令 $\sigma_i(t) = d_i(t) - \hat{d}_i(t), \tilde{\eta}_i(t) = \eta_i(t) - \hat{\eta}_i(t)$ 和 $\tilde{e}_i(t) = e_i(t) - \hat{e}_i(t)$。根据式（8.2）和式（8.8），易得

$$\begin{aligned} \dot{\tilde{\eta}}_i(t) &= \dot{\eta}_i(t) - \dot{\hat{\eta}}_i(t) \\ &= F_i\eta_i(t) + \psi_i(\eta_i(t)) - ((F_i - M_iBH_i)\hat{\eta}_i(t) - M_i(A\hat{r}_i(t) + Bu_i(t)) \\ &\quad + \psi_i(\hat{\eta}_i(t)) + \theta_i(t)(\eta_i(t) - \hat{\eta}_i(t)) + M_i\dot{\hat{r}}_i(t)) \\ &= F_i\tilde{\eta}_i(t) + \psi_i(\eta_i(t)) - \psi_i(\hat{\eta}_i(t)) - \theta_i(t)\tilde{\eta}_i(t) + M_iS_iD\tilde{e}_i(t) \end{aligned} \tag{8.11}$$

定义 Lyapunov 函数 $V_i(t)=\tilde{\eta}_i^{\mathrm{T}}(t)\tilde{\eta}_i(t)+(\theta_i(t)-\overline{\theta})^2$，则 $V_i(t)$ 的导数为

$$\begin{aligned}\dot{V}_i(t)&=2\tilde{\eta}_i^{\mathrm{T}}(t)F_i\tilde{\eta}_i(t)+2\tilde{\eta}_i^{\mathrm{T}}(t)(\psi_i(\eta_i(t))-\psi_i(\hat{\eta}_i(t)))+2\tilde{\eta}_i^{\mathrm{T}}(t)M_iSD\tilde{e}_i(t)\\&\quad-2\tilde{\eta}_i^{\mathrm{T}}(t)\theta_i(t)\tilde{\eta}_i(t)+2(\theta_i(t)-\overline{\theta})\tilde{\eta}_i^{\mathrm{T}}(t)\tilde{\eta}_i(t)\\&\leqslant 2\lambda_{\max}(F_i)\|\tilde{\eta}_i(t)\|^2+2C\|\tilde{\eta}_i(t)\|^2-2\overline{\theta}\|\tilde{\eta}_i(t)\|^2+\|M_iS_iD\|_{\max}^2\|\tilde{\eta}_i(t)\|^2+\|\tilde{e}_i(t)\|^2\\&<-\beta\|\tilde{\eta}_i(t)\|^2+\|\tilde{e}_i(t)\|^2\end{aligned}$$

有 $\overline{\theta}>\lambda_{\max}(F_i)+C+\frac{1}{2}\|M_iS_iD\|_{\max}^2+\frac{1}{2}\beta,\beta>0$，$\hat{e}=[\hat{e}_1^{\mathrm{T}},\hat{e}_2^{\mathrm{T}},\cdots,\hat{e}_l^{\mathrm{T}}]^{\mathrm{T}},\hat{r}=[\hat{r}_1^{\mathrm{T}},\hat{r}_2^{\mathrm{T}},\cdots,\hat{r}_l^{\mathrm{T}}]^{\mathrm{T}}$。双边包含观测误差可等价表示为

$$\hat{e}(t)=\sum_{k=l+1}^{l+h}(\varphi_k\otimes I)\hat{r}(t)-\sum_{k=l+1}^{l+h}(G_k\otimes I)\overline{r}_k(t)$$

根据 $K=-B^{\mathrm{T}}Q$，基于干扰观测器的分布式双边包含控制器（8.8）可用矩阵形式表示为

$$\dot{r}(t)=(I\otimes A)r(t)-\left(\left(\sum_{k=l+1}^{l+h}\varphi_k\right)^{-1}\otimes BB^{\mathrm{T}}P\right)\hat{e}(t)+(I\otimes BH)\tilde{\eta}(t)$$

$$\dot{\hat{r}}(t)=(I\otimes A)\hat{r}(t)-\left(\left(\sum_{k=l+1}^{l+h}\varphi_k\right)^{-1}\otimes BB^{\mathrm{T}}P\right)\hat{e}(t)-\left(\left(\sum_{k=l+1}^{l+h}\varphi_k\right)^{-1}\otimes P^{-1}D^{\mathrm{T}}D\right)\tilde{e}(t)$$

$$\dot{\overline{r}}_k(t)=(I\otimes A)\overline{r}_k(t)$$

其中，$\tilde{\eta}=[\tilde{\eta}_1^{\mathrm{T}},\tilde{\eta}_2^{\mathrm{T}},\cdots,\tilde{\eta}_l^{\mathrm{T}}]^{\mathrm{T}}$；$H=\mathrm{diag}(H_1,H_2,\cdots,H_l)$。所以，$e(t)$ 的导数为

$$\begin{aligned}\dot{e}(t)&=\sum_{k=l+1}^{l+h}(\varphi_k\otimes I)\left((I\otimes A)r(t)-\left(\left(\sum_{k=l+1}^{l+h}\varphi_k\right)^{-1}\otimes BB^{\mathrm{T}}P\right)\hat{e}(t)-(I\otimes B)H\tilde{\eta}(t)\right)\\&\quad-\sum_{k=l+1}^{l+h}(G_k\otimes I)((I\otimes A)\overline{r}_k(t))\\&=(I\otimes A)e(t)-(I\otimes BB^{\mathrm{T}}P)\hat{e}(t)-\left(\left(\sum_{k=l+1}^{l+h}\varphi_k\right)\otimes B\right)H\tilde{\eta}(t)\end{aligned}$$

类似地，可得 $\hat{e}(t)$ 的导数为

$$\dot{\hat{e}}(t)=(I\otimes(A-BB^{\mathrm{T}}P))\hat{e}(t)+(I\otimes P^{-1}D^{\mathrm{T}}D)\tilde{e}(t)$$

因此，不难得出

$$\dot{\tilde{e}}(t)=(I\otimes(A-P^{-1}D^{\mathrm{T}}D)\tilde{e}(t)-\left(\left(\sum_{k=l+1}^{l+h}\varphi_k\right)\otimes B\right)H\tilde{\eta}(t)$$

考虑 Lyapunov 函数 $V(t)=\hat{e}^{\mathrm{T}}(t)(I\otimes P)\hat{e}(t)+\tilde{e}^{\mathrm{T}}(t)(I\otimes P)\tilde{e}(t)+\sum_{i=1}^{l}V_i(t)$，可得

$$\dot{V}(t)=\hat{e}^{\mathrm{T}}(t)(I\otimes(PA+A^{\mathrm{T}}P-2PBB^{\mathrm{T}}P))\hat{e}(t)+2\tilde{e}^{\mathrm{T}}(t)\left(\left(\sum_{k=l+1}^{l+h}\varphi_k\right)\otimes PB\right)H\tilde{\eta}(t)+\sum_{i=1}^{l}\dot{V}_i(t)$$
$$+2\hat{e}^{\mathrm{T}}(t)(I\otimes D^{\mathrm{T}}D)\tilde{e}(t)+\tilde{e}^{\mathrm{T}}(t)(I\otimes(PA+A^{\mathrm{T}}P-2D^{\mathrm{T}}D))\tilde{e}(t)$$

根据不等式定理可得

$$2\hat{e}^{\mathrm{T}}(t)(I\otimes D^{\mathrm{T}}D)\tilde{e}(t)\leqslant\lambda_{\max}(D^{\mathrm{T}}DD^{\mathrm{T}}D)\hat{e}^{\mathrm{T}}(t)\hat{e}(t)+\tilde{e}^{\mathrm{T}}(t)\tilde{e}(t)$$
$$2\tilde{e}^{\mathrm{T}}(t)\left(\sum_{k=l+1}^{l+h}\varphi_k\otimes PB\right)H\tilde{\eta}(t)\leqslant\tilde{e}^{\mathrm{T}}(t)\tilde{e}(t)+\left\|\left(\sum_{k=l+1}^{l+h}\varphi_k\otimes PB\right)H\right\|^2\tilde{\eta}^{\mathrm{T}}(t)\tilde{\eta}(t)$$

基于以上分析，可推出

$$\dot{V}(t)\leqslant\hat{e}^{\mathrm{T}}(t)(I\otimes(PA+A^{\mathrm{T}}P-2PBB^{\mathrm{T}}P+\lambda_{\max}(D^{\mathrm{T}}DD^{\mathrm{T}}D))\hat{e}(t)-\beta\tilde{\eta}^{\mathrm{T}}(t)\tilde{\eta}(t)$$
$$+\tilde{e}^{\mathrm{T}}(t)(I\otimes(PA+A^{\mathrm{T}}P-2D^{\mathrm{T}}D+3I))\tilde{e}(t)+\left\|\left(\sum_{k=l+1}^{l+m}\varphi_k\otimes PB\right)H\right\|^2\tilde{\eta}^{\mathrm{T}}(t)\tilde{\eta}(t)$$

因此，当式（8.10）和$\beta>\left\|\left(\sum_{k=l+1}^{l+h}\varphi_k\otimes PB\right)H\right\|^2$同时满足时，显然$\dot{V}(t)<0$。基于 Lyapunov 稳定性理论，可得$\lim\limits_{t\to\infty}V(t)\to 0$。因此，当$t\to\infty$时，$\hat{e}(t)\to 0,\tilde{e}(t)\to 0,\tilde{\eta}(t)\to 0$，即当$t\to\infty$时$e(t)\to 0,\sigma(t)\to 0$。证毕。

注释 8.1　由于通信约束和丢包，智能体的状态信息往往不可得或者较难获得，但输出信息可得。那么，实际工程中用输出反馈方法比状态反馈方法解决双边包含问题更实用。

注释 8.2　因为非线性式子$\psi_i(\eta_i(t))-\psi_i(\hat{\eta}_i(t))$，这显然使状态观测误差系统更难稳定。为了解决这个局限性，动态增益方法将用来解决由非线性外系统（8.3）产生的干扰。

8.5　数 值 仿 真

假设智能体间的关系如图 8-1 所示，其中领导者标记为 1～2，跟随者标记为 3～6。仿真例子可以用来解释理论结果的正确性。为了简洁，每个智能体的初始值可在$[-10,10]$中任意选取。动力学（8.1）和（8.2）的系统矩阵为

$$A=\begin{bmatrix}0&2\\-1&0\end{bmatrix},\quad B=\begin{bmatrix}3\\1\end{bmatrix}$$

另外，干扰$d_i(t)$由以下异构非线性外系统产生：

$$\begin{bmatrix}\dot{\eta}_{i1}(t)\\\dot{\eta}_{i2}(t)\end{bmatrix}=\begin{bmatrix}-i&i\\-i&0\end{bmatrix}\begin{bmatrix}\eta_{i1}(t)\\\eta_{i2}(t)\end{bmatrix}+\begin{bmatrix}0\\0.1i\sin(\eta_{i2}(t))\end{bmatrix}$$
$$d_i(t)=[2i\quad 0]\begin{bmatrix}\eta_{i1}(t)\\\eta_{i2}(t)\end{bmatrix},\quad i=1,2,3,4$$

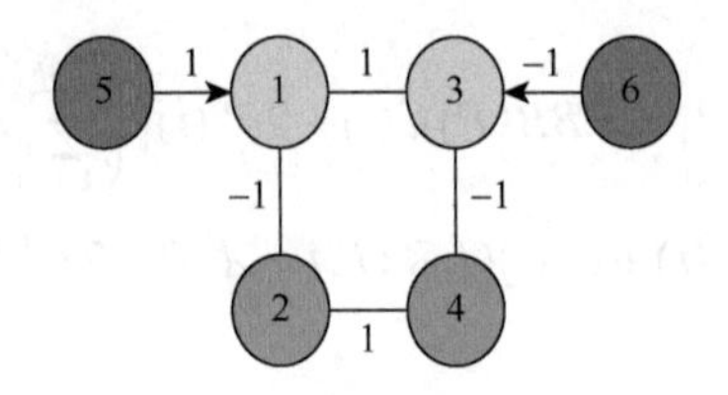

图 8-1　沟通拓扑图

例 8.1　本例将对定理 8.1 所设计的状态反馈控制算法进行数值仿真验证。假设 $M_i=\begin{bmatrix}0 & 0.05i\\ 1 & -2\end{bmatrix}(i=1,2,3,4)$ 通过矩阵不等式（8.7）得正定可行解 $Q=\begin{bmatrix}1 & 1\\ 0 & 2\end{bmatrix}$。图 8-2 和图 8-3 分别表示智能体的状态轨迹和状态误差，同时干扰观测误差如

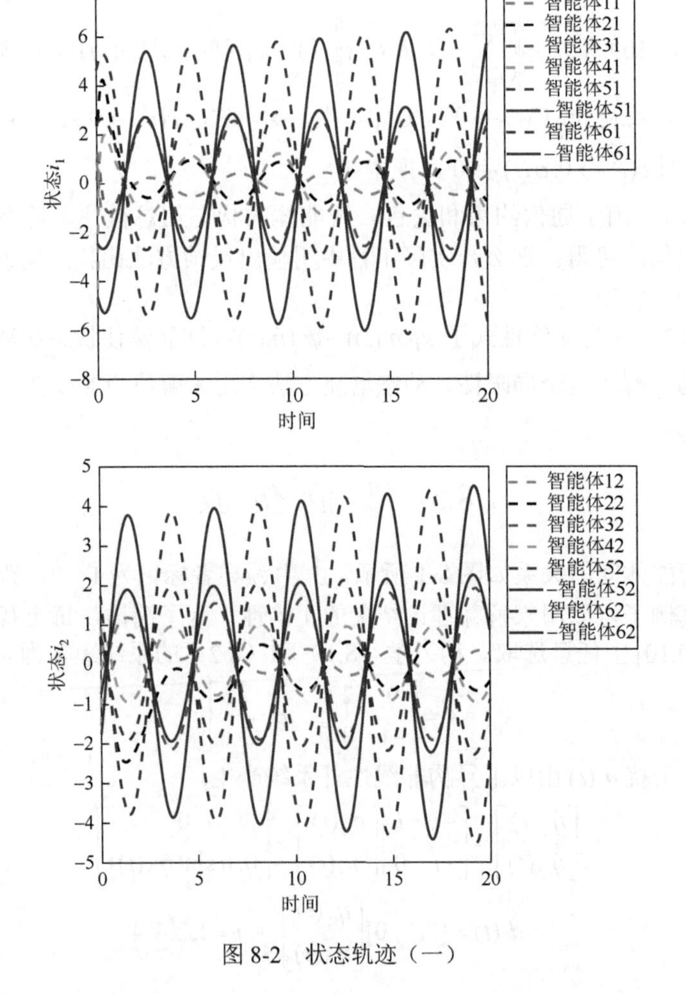

图 8-2　状态轨迹（一）

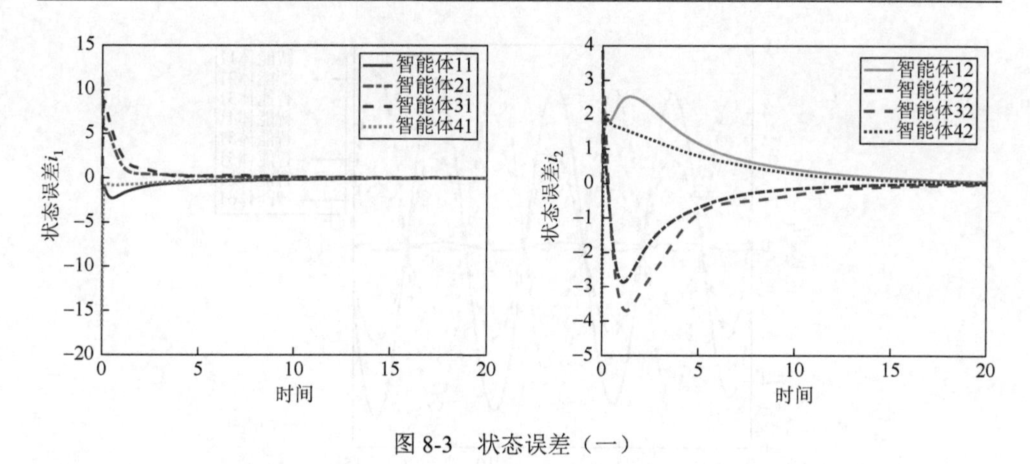

图 8-3　状态误差（一）

图 8-4 所示。由图 8-2 可知，与领导者相合作的跟随者进入领导者组成的凸包内，与领导者相竞争的跟随者进入领导者组成的对称凸包内。

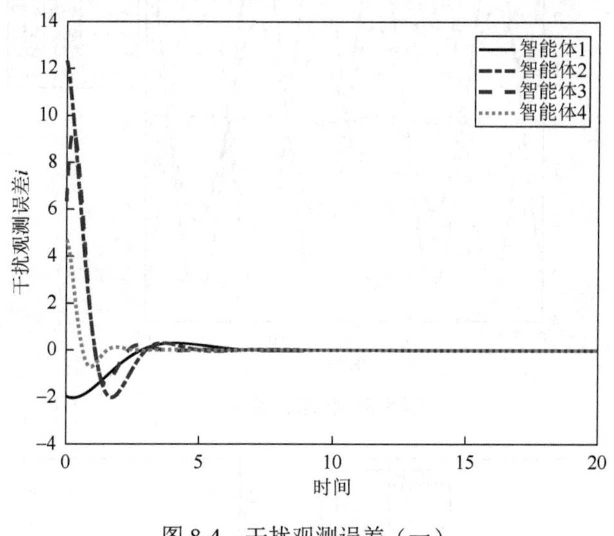

图 8-4　干扰观测误差（一）

例 8.2　本例将对定理 8.2 所设计的输出反馈控制算法进行数值仿真验证。假设 $M_i=\begin{bmatrix}0 & 0.05i\\1 & -2\end{bmatrix}(i=1,2,3,4)$ 通过矩阵不等式（8.10）得正定可行解 $P=\begin{bmatrix}0.5 & 0.2\\0 & 0.5\end{bmatrix}$。图 8-5 证明了系统（8.1）和系统（8.2）可实现双边包含控制。另外，图 8-6 和图 8-7 说明了状态误差和干扰观测误差渐近收敛为 0。

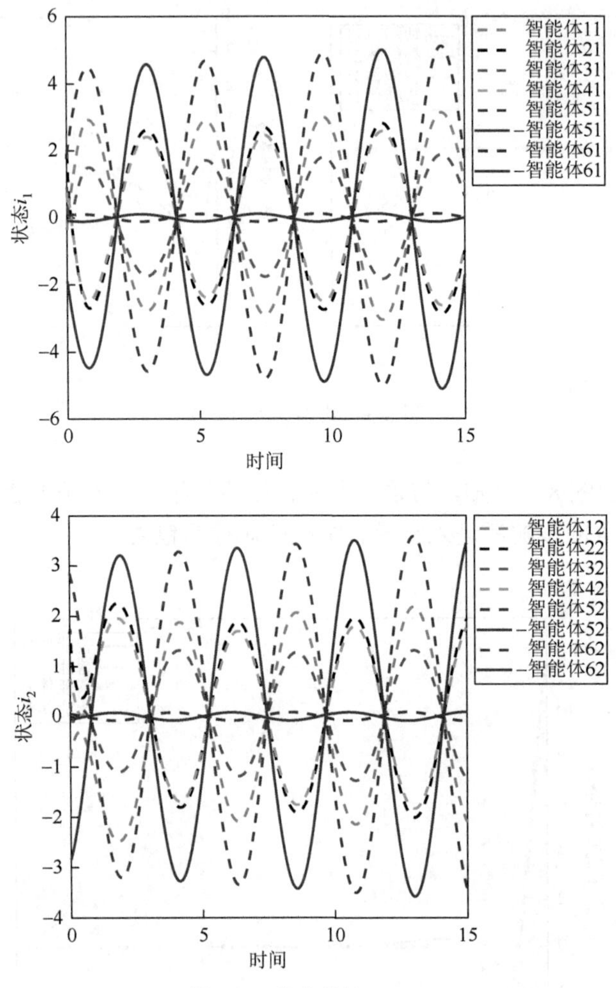

图 8-5　状态轨迹（二）

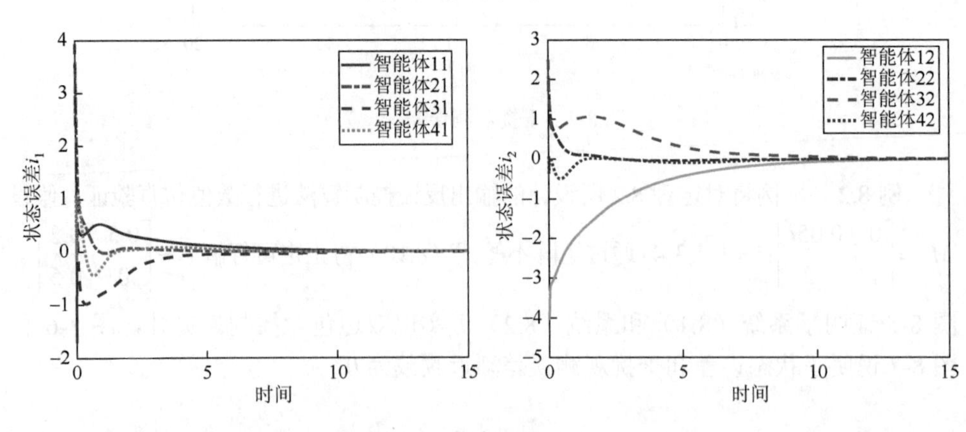

图 8-6　状态误差（二）

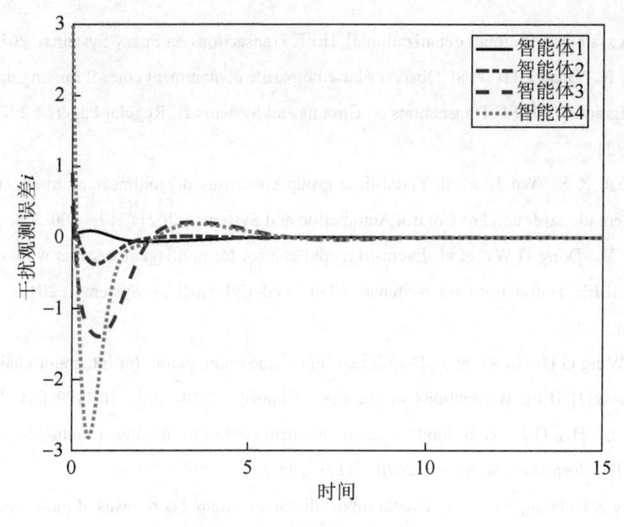

图 8-7　干扰观测误差（二）

8.6　本 章 小 结

本章探讨了受扰情况下多智能体系统的双边包含控制，其中干扰由异构非线性系统产生。为了解决非线性扰动，采用了动态增益方法设计观测器以补偿其影响。针对系统状态信息可知与否，分别给出了两种不同的双边包含控制协议。利用稳定性理论和其他数学分析方法，给出了实现双边包容控制的充分条件。最后，通过数值仿真验证了理论结果的正确性与有效性。未来的工作将是在更复杂的网络拓扑结构，如交换拓扑结构的双边包含控制研究。

参 考 文 献

[1] Yu Z Q，Liu Z X，Zhang Y M，et al. Distributed finite-time fault tolerant containment control for multiple unmanned aerial vehicles[J]. IEEE Transactions on Neural Networks and Learning Systems，2020，31（6）：2077-2091.

[2] Li T，Li Z P，Fei S M，et al. Second-order event-triggered adaptive containment control for a class of multi-agent systems[J]. ISA Transactions，2020，96：132-142.

[3] Lu J Q，Guo X，Huang T W，et al. Consensus of signed networked multi-agent systems with nonlinear coupling and communication delays[J]. Applied Mathematics and Computation，2019，350：153-162.

[4] Hu H X，Wen G H，Yu W W，et al. Finite-time coordination behavior of multiple euler-lagrange systems in cooperation-competition networks[J]. IEEE Transactions on Cybernetics，2019，49（8）：2967-2979.

[5] Meng D. Bipartite containment tracking of signed networks[J]. Automatic，2017，79：282-289.

[6] Zuo S，Song Y，Lewis F，et al. Bipartite output containment of general linear heterogeneous multi-agent systems on signed digraphs[J]. IET Control Theory and Application，2018，12（9）：1180-1188.

[7] Zhou Q，Wang W，Liang H J，et al. Observer-based event-triggered fuzzy adaptive bipartite containment control

of multi-agent systems with input quantization[J]. IEEE Transactions on Fuzzy Systems，2019，29（2）：372-384.

[8] Zhu Z H，Hu B，Guan Z H，et al. Observer-based bipartite containment control for singular multi-agent systems over signed digraphs[J]. IEEE Transactions on Circuits and Systems-I：Regular Papers，2020，doi：10.1109/TCSI.2020.3026323.

[9] Hao L L，Zhan X S，Wu J，et al. Fixed-time group consensus of nonlinear multi-agent systems via pinning control[J]. International Journal of Control Automation and Systems，2021，19：200-208.

[10] Cao L，Li H Y，Dong G W，et al. Event-triggered control for multiagent systems with sensor faults and input saturation[J]. IEEE Transactions on Systems，Man，and Cybernetics：Systems，2019，doi：10.1109/TSMC.2019.2938216.

[11] Wang X Y，Wang G D，Li S，et al. Distributed finite-time optimization for integrator chain multi-agent systems with disturbances[J]. IEEE Transactions on Automatic Control，2020，doi：10.1109/TAC.2020.2979279.

[12] Lu H，He W L，Han Q L，et al. Finite-time containment control for nonlinear multi-agent systems with external disturbances[J]. Information Sciences，2020，512：338-351.

[13] Xu D B，Wang X H，Hong Y G，et al. Global robust distributed output consensus of multi-agent nonlinear systems：An internal model approach[J]. Systems and Control Letters，2016，87：64-69.

[14] Deng C，Yang G H. Distributed adaptive fault-tolerant control approach to cooperative output regulation for linear multi-agent systems[J]. Automatica，2019，103：62-68.

[15] Zhang J H，Zhao W S，Shen G H，et al. Disturbance observer based adaptive finite-time attitude tracking control for rigid spacecraft[J]. IEEE Transactions on Systems，Man，and Cybernetics：Systems，2019，doi：10.1109/TSMC.2019.2947320.

[16] Wang H，Yu W W，Ding Z T，et al. Tracking consensus of general nonlinear multiagent systems with external disturbances under directed networks[J]. IEEE Transactions on Automatic Control，2019，64（11）：4772-4779.

[17] Wang L，Wu J，Zhan X S，et al. Fixed-time bipartite containment of multi-agent systems subject to disturbance[J]. IEEE Access，2020，8：77679-77688.

[18] Liu W，Ma Q，Zhou G P，et al. Adaptive dynamic surface control using disturbance observer for nonlinear systems with input saturation and output constraints[J]. International Journal of Systems Science，2019，50（9）：1784-1798.

[19] Mu R，Wei A，Li H T，et al. Leader-follower consensus for multi-agent systems with external disturbances generated by heterogeneous nonlinear exosystems[J]. Asian Journal of Control，2020，doi：10.1002/asjc.2396.

第 9 章　含未知外部干扰的线性多智能体系统的双边包含控制

9.1　引　　言

由于控制系统的广泛应用，过去几十年见证了其快速发展，特别是网络控制系统和多智能体系统。在关于多智能体系统的各类研究中，一致性是一个基本问题，其目标是使智能体通过信息交流达到一致或协调。以领导者的数量为分类原则，一致性问题可以粗略地分为无领导者一致性、一致性追踪和包含控制三类。

在实际应用中，由多领导者组成的包含控制可以比无领导者一致性和一致性跟踪更有效率地执行更多复杂任务。例如，在无人机协同作战中，只需要领导者获得控制指令发现危险障碍，同时领导者可以通过发送消息以较低的成本使跟随者进入领导者状态构成的安全区域内。Zuo 等[1]考虑了自适应控制来解决含未知领导者动态的多智能体系统的双边包含控制。Fu 等[2]提出了输入饱和算法解决渐近包含问题。在现实中，通常存在内部不确定性和外部干扰，这是系统不稳定和性能不佳的主要原因。所以，很多学者致力于多智能体系统的抗干扰研究以保证控制的可靠性与精准性。在文献[3]～[5]中，讨论了含有界干扰的包含问题。但是当干扰的上限不可知时，这个问题就很难解决。为了处理这一问题，Yang[6]设计了基于观测器的控制协议，通过代数 Riccati 方程和高增益方法求解系统稳定的条件。Ye 等[7]采用自适应控制和观测器方法，探讨了具有有限输入的多智能体系统的自适应容错包含控制，且系统控制参数将逐渐趋于常数。

现有大多数关于包含控制的文献都是假设智能体间相互合作。实际上，智能体间的内部关系既合作也竞争，如市场营销、社交网络和自然捕食等。因此，将包含控制扩展到双边包含控制是十分必要的。智能体间的关系用符号拓扑图表示，其中正权重表示合作，负权重表示竞争。双边包含控制使得跟随者收敛到领导者组成的凸包及其对称凸包内。Meng[8]针对领导者相互联系的多智能体系统，研究了一类具有非负邻接矩阵的双边包容问题。Zuo 等[9]分析了由多个不同动力学模型智能体组成的多智能体系统的双边包含控制。Meng 等[10]实现了任意切换符号网络中的高阶双边包含控制。注意到上述协议主要依赖于相邻智能体的相对状态。然而智能体的整个状态信息不可知时，这可能是不切实际的。因此，在状态信息可知时，设计了状态反馈控制协议。在状态难以获取的情况下，设计了输出反馈控制器以有效降低实际工程中测量状态值的高成本。

基于以上讨论，本章主要研究基于干扰观测器的双边包含控制问题。主要贡献如下：①与双边包含控制的相关文献[11, 12]相比，考虑了外部干扰问题且采用干扰观测器估计干扰，事实上，所设计的控制器能有效解决干扰对系统性能和通信性能的影响；②与抗干扰包含控制相比，本章不仅考虑了状态反馈控制方法，也考虑了输出反馈控制方法。众所周知，输出反馈控制方法比状态反馈控制方法更加常用和复杂，实用性更强。

9.2 问题描述

本章考虑含$l+h$个智能体的系统，跟随者$i\in F(F=\{1,2,\cdots,l\})$的动态方程描述为

$$\begin{cases}\dot{r}_i(t)=Ar_i(t)+Bu_i(t)+Cw_i(t)\\ y_i(t)=Dr_i(t)\end{cases}\tag{9.1}$$

其中，$r_i(t),u_i(t),y_i(t)$分别表示跟随者i的状态、控制器和控制输出；A,B,C,D是常数矩阵；$w_i(t)$是满足以下条件的外部干扰：

$$\dot{w}_i(t)=Ew_i(t)\tag{9.2}$$

其中，矩阵E是外干扰系统的常数矩阵。另外，领导者$k\in R(R=\{l+1,l+2,\cdots,l+h\})$的动力学由以下线性系统表示：

$$\begin{cases}\dot{r}_k(t)=Ar_k(t)\\ y_k(t)=Dr_k(t)\end{cases}\tag{9.3}$$

其中，$r_k(t),y_k(t)$分别表示领导者k的状态和控制输出。双边包含误差定义如下：

$$e_i(t)=\sum_{j=1}^{l}(|a_{ij}|r_i(t)-a_{ij}r_j(t))+\sum_{k=l+1}^{l+h}(|g_i^k|r_i(t)-g_i^k r_k(t))\tag{9.4}$$

令$e=[e_1^{\mathrm{T}},e_2^{\mathrm{T}},\cdots,e_l^{\mathrm{T}}]^{\mathrm{T}},r=[r_1^{\mathrm{T}},r_2^{\mathrm{T}},\cdots,r_l^{\mathrm{T}}]^{\mathrm{T}},\overline{r}_k=1\otimes r_k$，双边包含误差可用以下紧凑形式表述：

$$\begin{aligned}e(t)&=((\overline{D}-A)\otimes I)r(t)+\sum_{k=l+1}^{l+h}(\overline{G}_k\otimes I)r(t)-\sum_{k=l+1}^{l+h}(G_k\otimes I)(1\otimes r_k(t))\\&=\sum_{k=l+1}^{l+h}(\varphi_k\otimes I)r(t)-\sum_{k=l+1}^{l+h}(G_k\otimes I)\overline{r}_k(t)\end{aligned}$$

引理 9.1　在假设 2.1 下，若$\lim\limits_{t\to\infty}e_i(t)=0$，则系统（9.1）和系统（9.3）可实现双边包含控制。

证明　证明过程与已有文献中的证明类似，故此处省略。

$$e_i(t)=\sum_{j=1}^{l}(|a_{ij}|r_i(t)-a_{ij}r_j(t))+\sum_{k=l+1}^{l+h}(|g_i^k|r_i(t)-g_i^k r_k(t))\tag{9.5}$$

9.3　抗干扰状态反馈双边包含控制

为了解决式（9.2）产生的未知干扰，提出了一种基于干扰观测器的控制器：

$$u_i(t) = K_1 e_i(t) - H\hat{w}_i(t) \tag{9.6}$$

其中，干扰观测器 $\hat{w}_i(t)$ 设计如下：

$$\begin{cases} \hat{w}_i(t) = \xi_i(t) + F\hat{r}_i(t) \\ \dot{\xi}_i(t) = (E - FC)\hat{w}_i(t) - F(Ar_i(t) + Bu_i(t)) \end{cases} \tag{9.7}$$

其中，$\xi_i(t)$ 是观测器的内部变量；矩阵 K_1 稍后进行设计。

定理 9.1　给定假设 2.1，若矩阵 K_1, F 满足 $A_c = (I \otimes A) + \left(\left(\sum_{k=l+1}^{l+h} \varphi_k\right) \otimes BK_1\right) < 0$，$E - FC < 0$，则系统（9.1）和系统（9.3）的双边包含控制可利用状态反馈控制器（9.6）实现。

证明　为了简化证明过程，令 $f_i(t) = w_i(t) - \hat{w}_i(t)$。从式（9.2）和式（9.7）得干扰观测误差为

$$\begin{aligned} \dot{f}(t) &= \dot{w}(t) - \dot{\hat{w}}(t) \\ &= (I \otimes E)w(t) - (\dot{\xi}(t) + (I \otimes F)\dot{r}(t)) \\ &= (I \otimes E)w(t) - (I \otimes (E - FC))\hat{w}(t) + ((I \otimes FA)\hat{r}(t) + (I \otimes FB)u(t)) - (I \otimes F)\dot{\hat{r}}(t) \\ &= (I \otimes (E - FC))f(t) \end{aligned}$$

其中，$\xi = [\xi_1^{\mathrm{T}}, \xi_2^{\mathrm{T}}, \cdots, \xi_l^{\mathrm{T}}]^{\mathrm{T}}$；$w = [w_1^{\mathrm{T}}, w_2^{\mathrm{T}}, \cdots, w_l^{\mathrm{T}}]^{\mathrm{T}}$；$\hat{w} = [\hat{w}_1^{\mathrm{T}}, \hat{w}_2^{\mathrm{T}}, \cdots, \hat{w}_l^{\mathrm{T}}]^{\mathrm{T}}$。然后，基于干扰观测器的分布式双边包含控制器（9.6）的系统（9.1）和系统（9.3）可描述为

$$\begin{cases} \dot{r}(t) = (I \otimes A)r(t) + (I \otimes BK_1)\hat{e}(t) - (I \otimes BH)\hat{w}(t) + (I \otimes C)w(t) \\ \dot{\overline{r}}_k(t) = (I \otimes A)\overline{r}_k(t) \end{cases} \tag{9.8}$$

根据 $C = BH$，将 $e(t)$ 对时间微分可得

$$\begin{aligned} \dot{e}(t) &= \sum_{k=l+1}^{l+h} (\varphi_k \otimes I)((I \otimes A)r(t) + (I \otimes BK_1)e(t) - (I \otimes C)f(t)) \\ &\quad - \sum_{k=l+1}^{l+h} (G_k \otimes I)(I \otimes A)\overline{r}_k(t) \\ &= (I \otimes A)\left(\sum_{k=l+1}^{l+h} (\varphi_k \otimes I)r(t) - \sum_{k=l+1}^{l+h} (G_k \otimes I)\overline{r}_k(t)\right) + \sum_{k=l+1}^{l+h} (\varphi_k \otimes I)((I \otimes BK_1)e(t) \\ &\quad + (I \otimes C)f(t)) \\ &= \left((I \otimes A) + \left(\left(\sum_{k=l+1}^{l+h} \varphi_k\right) \otimes BK_1\right)\right)e(t) + \left(\left(\sum_{k=l+1}^{l+h} \varphi_k\right) \otimes C\right)f(t) \end{aligned}$$

定义 $A_c=(I\otimes A)+\left(\left(\sum_{k=l+1}^{l+h}\varphi_k\right)\otimes BK_1\right)$，则全局闭环误差动态为

$$\begin{bmatrix}\dot{e}(t)\\ \dot{f}(t)\end{bmatrix}=\begin{bmatrix}A_c & *\\ 0 & I\otimes(E-FC)\end{bmatrix}\begin{bmatrix}e(t)\\ f(t)\end{bmatrix}$$

如果矩阵 F 使得 $E-FC<0$，则 $f(t)\to 0$。之后，如果增益存在矩阵 K_1 使得 $A_c<0$，则显然 A_c 是稳定的，可得 $e(t)\to 0$。证毕。

9.4　抗干扰输出反馈双边包含控制

为了解决式（9.2）产生的未知干扰，对每个跟随者设计如下控制器：

$$u_i(t)=-B^{\mathrm{T}}S\hat{e}_i(t)-H\hat{w}_i(t) \tag{9.9}$$

其中，双边包含观测误差。跟随者的状态/干扰观测器如下所示：

$$\hat{e}_i(t)=\sum_{j=1}^{l}(|a_{ij}|\hat{r}_i(t)-a_{ij}\hat{r}_j(t))+\sum_{k=l+1}^{l+h}(|g_i^k|\hat{r}_i(t)-g_i^k\hat{r}_k(t))$$

$$\dot{\hat{r}}_i(t)=A\hat{r}_i(t)+Bu_i(t)+C\hat{w}_i(t)-H_1(y_i(t)-\hat{y}_i(t))$$

$$\dot{\hat{w}}_i(t)=E\hat{w}_i(t)-H_2\left(\sum_{j=1}^{l}(|a_{ij}|(y_i(t)-\hat{y}_i(t))-a_{ij}(y_j(t)-\hat{y}_j(t))\right)$$

$$+\sum_{k=l+1}^{l+h}(|g_i^k|(y_i(t)-\hat{y}_i(t))-g_i^k(y_k(t)-\hat{y}_k(t))))$$

领导者 $k\in R$ 的状态观测器为

$$\dot{\hat{r}}_k(t)=A\hat{r}_k(t)-H_1(y_k(t)-\hat{y}_k(t)) \tag{9.10}$$

其中，$\hat{y}_i(t)=D\hat{r}_i(t)/\hat{y}_k(t)=D\hat{r}_k(t)$；$\hat{r}_i(t)/\hat{r}_k(t)$ 是状态观测器；矩阵 S,H,H_1,H_2 是之后需要设计的常数矩阵。

定理 9.2　给定假设 2.1，如果以下条件成立，则输出反馈控制协议（9.9）的系统（9.1）和系统（9.3）可以实现双边包含控制。

（1）矩阵 H_1 和 H_2 满足

$$\psi=\begin{bmatrix}I\otimes E & I\otimes H_2D\\ \left(\sum_{k=l+1}^{l+h}\varphi_k\right)\otimes C & (I\otimes A)+(I\otimes H_1D)\end{bmatrix}<0$$

（2）矩阵 S 满足 $I\otimes A-\left(\sum_{k=l+1}^{l+h}\varphi_k\right)\otimes BB^{\mathrm{T}}S<0$。

证明　设定 $\hat{e}=[\hat{e}_1^{\mathrm{T}},\hat{e}_2^{\mathrm{T}},\cdots,\hat{e}_l^{\mathrm{T}}]^{\mathrm{T}},\hat{r}=[\hat{r}_1^{\mathrm{T}},\hat{r}_2^{\mathrm{T}},\cdots,\hat{r}_l^{\mathrm{T}}]^{\mathrm{T}}$ 和 $\overline{\hat{r}}_k=1\otimes\hat{r}_k$，则跟踪误差可用紧凑形式等价表示为

$$e(t)=\sum_{k=l+1}^{l+h}(\varphi_k\otimes I)r(t)-\sum_{k=l+1}^{l+h}(G_k\otimes I)\overline{r}_k(t)$$

$$\hat{e}(t)=\sum_{k=l+1}^{l+h}(\varphi_k\otimes I)\hat{r}(t)-\sum_{k=l+1}^{l+h}(G_k\otimes I)\hat{\overline{r}}_k(t)$$

根据$C=BH$，则基于分布式干扰观测器的双边包含控制器（9.9）下的系统（9.1）和系统（9.3）可表示为

$$\dot{r}(t)=(I\otimes A)r(t)-(I\otimes BB^{\mathrm{T}}S)\hat{e}(t)-(I\otimes BH)\hat{w}(t)+(I\otimes C)w(t)$$

$$\begin{aligned}\dot{\hat{r}}(t)&=(I\otimes A)\hat{r}(t)-(I\otimes BB^{\mathrm{T}}S)\hat{e}(t)-(I\otimes BH)\hat{w}(t)+(I\otimes C)\hat{w}(t)-(I\otimes H_1D)(r(t)-\hat{r}(t))\\&=(I\otimes A)\hat{r}(t)-(I\otimes BB^{\mathrm{T}}S)\hat{e}(t)-(I\otimes H_1D)(r(t)-\hat{r}(t))\end{aligned}$$

$$\dot{\overline{r}}_k(t)=(I\otimes A)\overline{r}_k(t)$$

$$\dot{\hat{\overline{r}}}_k(t)=(I\otimes A)\hat{\overline{r}}_k(t)-(I\otimes H_1D)(\overline{r}_k(t)-\hat{\overline{r}}_k(t))$$

为了简化证明过程，令$f_i(t)=w_i(t)-\hat{w}_i(t),\tilde{e}_i(t)=e_i(t)-\hat{e}_i(t)$。可得

$$\begin{aligned}\dot{f}(t)&=\dot{w}(t)-\dot{\hat{w}}(t)\\&=(I\otimes E)w(t)-(I\otimes E)\hat{w}(t)+(I\otimes H_2D)(e(t)-\hat{e}(t))\\&=(I\otimes E)f(t)+(I\otimes H_2D)\tilde{e}(t)\end{aligned}$$

其中，$w=[w_1^{\mathrm{T}},w_2^{\mathrm{T}},\cdots,w_l^{\mathrm{T}}]^{\mathrm{T}},\hat{w}=[\hat{w}_1^{\mathrm{T}},\hat{w}_2^{\mathrm{T}},\cdots,\hat{w}_l^{\mathrm{T}}]^{\mathrm{T}}$。基于以上分析，可衍生出

$$\begin{aligned}\dot{e}(t)&=\sum_{k=l+1}^{l+h}(\varphi_k\otimes I)((I\otimes A)r(t)-(I\otimes BB^{\mathrm{T}}S)\hat{e}(t)-(I\otimes BH)\hat{w}(t)+(I\otimes C)w(t))\\&\quad-\sum_{k=l+1}^{l+h}(G_k\otimes I)((I\otimes A)\overline{r}_k(t))\\&=(I\otimes A)e(t)-\sum_{k=l+1}^{l+h}(\varphi_k\otimes I)((I\otimes BB^{\mathrm{T}}S)\hat{e}(t)-(I\otimes C)f(t))\\&=\left((I\otimes A)-\left(\sum_{k=l+1}^{l+h}\varphi_k\right)\otimes BB^{\mathrm{T}}S\right)e(t)+\left(\left(\sum_{k=l+1}^{l+h}\varphi_k\right)\otimes BB^{\mathrm{T}}S\right)\tilde{e}(t)+\left(\left(\sum_{k=l+1}^{l+h}\varphi_k\right)\otimes C\right)f(t)\end{aligned}$$

类似地，将$\hat{e}(t)$对时间求微分可得

$$\dot{\hat{e}}(t)=\left((I\otimes A)-\left(\sum_{k=l+1}^{l+h}\varphi_k\right)\otimes BB^{\mathrm{T}}S\right)\hat{e}(t)-(I\otimes H_1D)\tilde{e}(t)$$

不难推导出

$$\dot{\tilde{e}}_i(t)=((I\otimes A)+(I\otimes H_1D))\tilde{e}(t)+\left(\left(\sum_{k=l+1}^{l+h}\varphi_k\right)\otimes C\right)f(t)$$

因此，总体全局闭环误差动态为

$$\begin{bmatrix}\dot{f}(t)\\\dot{\tilde{e}}(t)\end{bmatrix}=\begin{bmatrix}I\otimes E & I\otimes H_2D\\\left(\left(\sum_{k=l+1}^{l+h}\varphi_k\right)\otimes C\right) & (I\otimes A)+(I\otimes H_1D)\end{bmatrix}\begin{bmatrix}f(t)\\\tilde{e}(t)\end{bmatrix}$$

假设$\psi<0$，根据 Lyapunov 稳定性理论，$f(t)\to 0,\tilde{e}(t)\to 0$显然成立。如果存在矩阵$S$使得$(I\otimes A)-\left(\sum_{k=l+1}^{l+h}\varphi_k\right)\otimes BB^{\mathrm{T}}S<0$，则$e(t)\to 0$成立。证毕。

注释 9.1　通信限制和数据包丢失等因素，导致很难或不能获得每个智能体的全阶状态信息。因此，从现实角度出发，输出反馈方法比状态反馈方法更加具有实用性。

注释 9.2　多年来科研工作者已经对包含控制进行了深刻研究。在最近的一篇文献中，结构平衡符号图下多智能体系统的双边一致性与非负通信拓扑图下的传统一致性是等效的。就本书所知，双边包含控制与传统包含控制在一些特殊情况下是等效的，如不含干扰情况下。但是，这种等效性对于含干扰的多智能体系统是不成立的。事实上，定义$X(t)=(r(t),r_k(t))^{\mathrm{T}},m(t)=((I\otimes C)f(t),0)^{\mathrm{T}}$且$\bar{L}_\beta,\phi$定义如已有文献所示，为了表达形式的简洁性，多智能体系统的动态方程（9.8）可以表示为$\dot{X}(t)=(I\otimes A)X(t)+(\bar{L}_\beta\otimes BK_1)X(t)+m(t)$，通过构造$Z(t)=(I\otimes\phi)X$，不可能得到$\dot{Z}(t)=(I\otimes A)Z(t)+(\bar{L}_\beta\otimes BK_1)Z(t)+m(t)$。因此本章中多智能体系统的双边包含问题不能等效转化为包含问题。

9.5　数 值 仿 真

本节将用两个仿真例子来证明理论结果的正确性与有效性。考虑一组智能体组成的符号通信拓扑图（见图 9-1），其中跟随者记为 1～4，领导者记为 5 和 6。为了简便，每个智能体的初始值x_{i1},x_{i2}任意设置为$[-10,10]$。

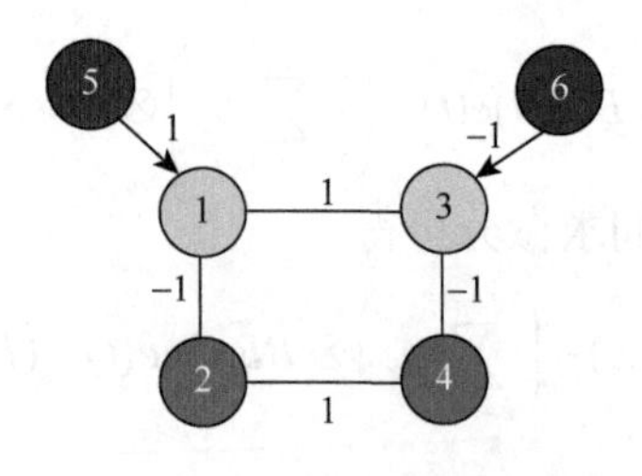

图 9-1　通信拓扑图

例 9.1（状态反馈方法）　以下例子将用来证明定理 9.1 的有效性。假设系统矩阵为$A=\begin{bmatrix}0&2\\-1&0\end{bmatrix}$, $B=\begin{bmatrix}2\\1\end{bmatrix}$,$C=\begin{bmatrix}2&2\\1&1\end{bmatrix}$,$E=\begin{bmatrix}1&-3\\1&-2\end{bmatrix}$,$F=\begin{bmatrix}2&-2\\1&-1\end{bmatrix}$和增益矩阵$H=[1\quad 1]$, $K_1=[-5\quad 2]$。状态轨迹与状态误差分别如图 9-2 和图 9-3 所示。

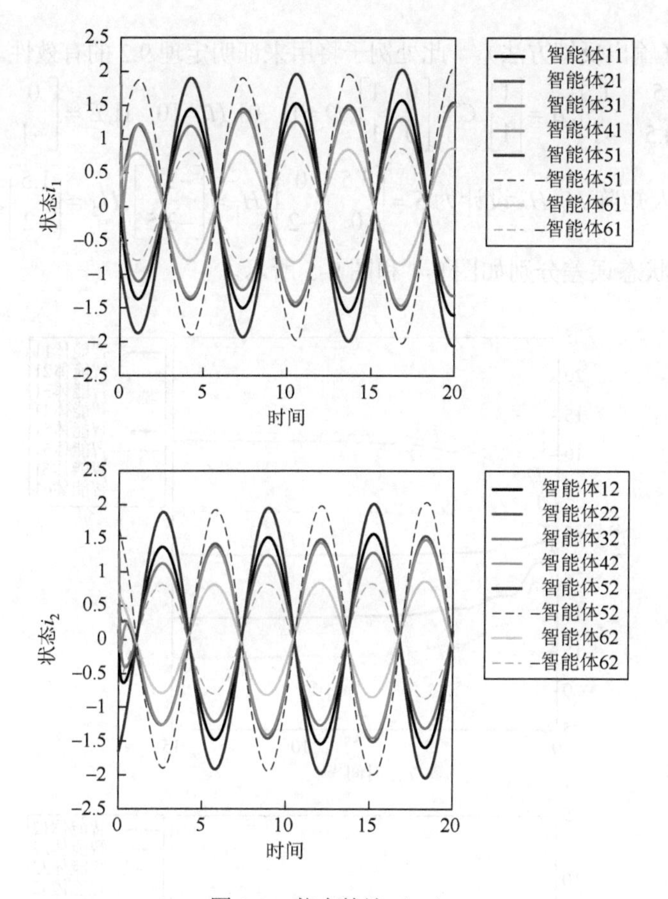

图 9-2　状态轨迹（一）

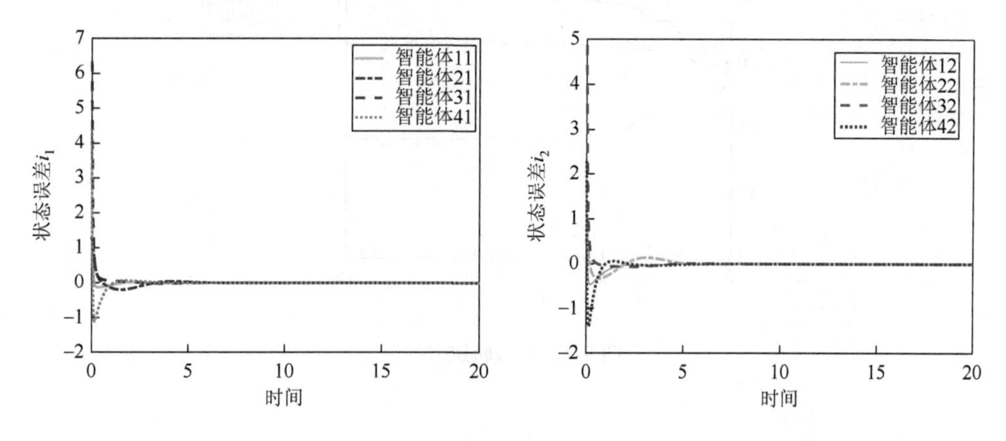

图 9-3　状态误差（一）

例 9.2（输出反馈方法）　此处例子将用来证明定理 9.2 的有效性。假设系统矩阵为 $A=\begin{bmatrix}0.5 & 1\\ -0.5 & -1\end{bmatrix}, B=\begin{bmatrix}1\\ 1\end{bmatrix}, C=\begin{bmatrix}0 & 1\\ 0 & 1\end{bmatrix}, D=[1\quad 0], H=[0\quad 1], E=\begin{bmatrix}0 & 1\\ -1 & -2\end{bmatrix}$，并且反馈增益 S 以及矩阵 H_1, H_2 设计为 $S=\begin{bmatrix}3.5 & 0\\ 0 & -2\end{bmatrix}, H_1=\begin{bmatrix}-2\\ -3.5\end{bmatrix}, H_2=\begin{bmatrix}1.5\\ -2\end{bmatrix}, H=[0\quad 1]$。状态轨迹与状态误差分别如图 9-4 和图 9-5 所示。

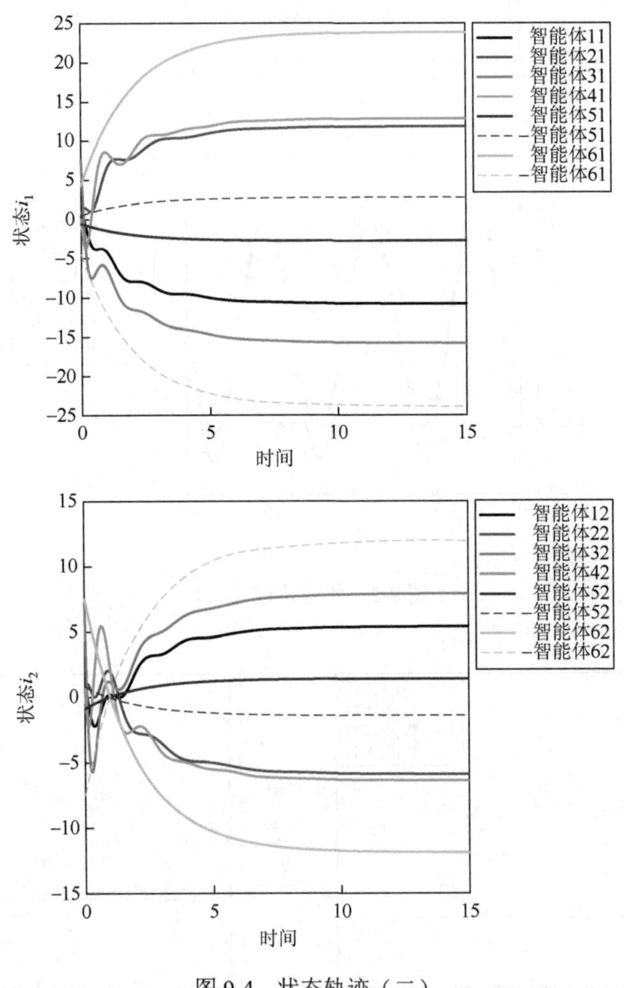

图 9-4　状态轨迹（二）

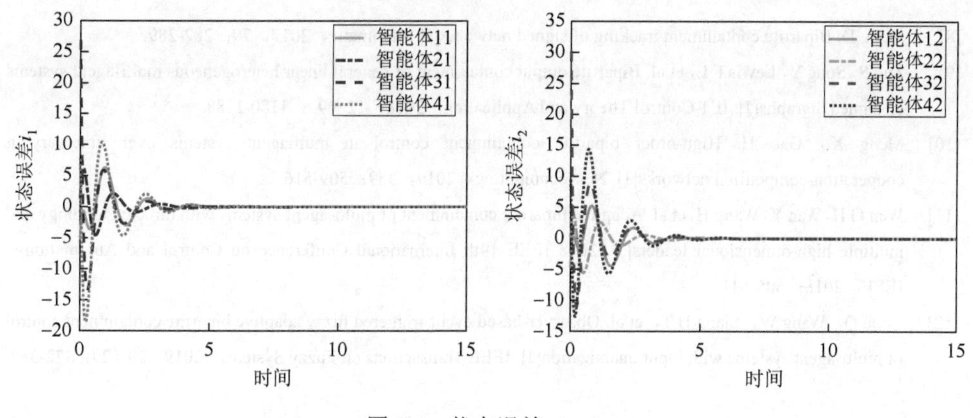

图 9-5　状态误差（二）

9.6 本 章 小 结

本章将包含控制拓展到含对抗联系的符号通信拓扑图。这被命名为双边包含控制，旨在使每个跟随者的运动路径收敛到领导者运动路径组成的凸包内及其对称凸包内。在本章研究中，利用基于干扰和状态观察器的方法来评估干扰和状态。基于状态反馈控制和输出反馈控制，相应地提出两种不同形式的控制协议以实现双边包含控制。相关理论的可用性已通过模拟测试得到证明。此外，未来的工作将针对更复杂的双边包含问题，如具有随机干扰或切换拓扑网络的问题进行研究。

参 考 文 献

[1] Zuo S，Song Y D，Lewis F L，et al. Adaptive output containment control of heterogeneous multi-agent systems with unknown leaders[J]. Automatica，2018，92：235-239.

[2] Fu J J，Wan Y，Wen G H，et al. Distributed robust global containment control of second-order multiagent systems with input saturation[J]. IEEE Transactions on Control of Network Systems，2019，6（4）：1426-1437.

[3] Fu J J，Wang J Z. Robust finite-time containment control of general linear multi-agent systems under directed communication graphs[J]. Journal of the Franklin Institute，2016，353（12）：2670-2689.

[4] Liang H J，Li H Y，Yu Z D，et al. Cooperative robust containment control for general discrete-time multi-agent systems with external disturbance[J]. IET Control Theory and Application，2017，11（12）：1928-1937.

[5] Wang X Y，Li S H，Shi P，et al. Distributed finite-time containment control for double-integrator multiagent systems[J]. IEEE Transactions on Cybernetics，2014，44（9）：1518-1528.

[6] Yang Z J. Robust consensus tracking of second-order nonlinear systems using relative position information by K-filter and disturbance observer-based control[J]. International Journal of Systems Science，2018，49（15）：3117-3129.

[7] Ye D，Chen M M，Chen M S，et al. Observer-based distributed adaptive fault-tolerant containment control of multi-agent systems with general linear dynamics[J]. ISA Transactions，2017，71：32-39.

[8] Meng D. Bipartite containment tracking of signed networks[J]. Automatic，2017，79：282-289.

[9] Zuo S，Song Y，Lewis F L，et al. Bipartite output containment of general linear heterogeneous multi-agent systems on signed digraphs[J]. IET Control Theory and Application，2018，12（9）：1180-1188.

[10] Meng X，Gao H. High-order bipartite containment control in multiagent systems over time-varying cooperation-competition networks[J]. Neurocomputing，2019，359：509-516.

[11] Wen G H，Wan Y，Wang H，et al. Adaptive bipartite containment of multi-agent systems with directed topology and multiple high-dimensional leaders[J]. 2018 IEEE 14th International Conference on Control and Automation，IEEE，2018：606-611.

[12] Zhou Q，Wang W，Liang H T，et al. Observer-based event-triggered fuzzy adaptive bipartite containment control of multi-agent systems with input quantization[J]. IEEE Transactions on Fuzzy Systems，2019，29（2）：372-389.

第10章 含干扰的多智能体系统的固定时间双边包含控制

10.1 引　　言

近年来，网络化控制系统[1, 2]和多智能体系统[3, 4]等控制系统的研究因其实际应用前景而受到较多关注。对于多智能体系统，智能体可以降低故障智能体的影响，减少整个系统的能量损耗等。注意到现实中可能需要多个领导者完成复杂任务，例如，当一部分带有感应器的智能体探测危险障碍时，另一部分没有传感器的智能体也要求进入安全区域。自然而然地，包含控制应运而生，它使得跟随者进入由领导者组成的凸包中。至今，已有各种各样的方法解决包含问题，如自适应控制、反馈控制、观测器等。Yuan 等[3]研究了在网络通信未知的情况下的输出包含问题其充分条件由线性代数方程和矩阵不等式解得。Han 等[4]研究了采用干扰观测器方法设计双边包含控制协议以达到系统稳定的问题。

以上所提到的智能体之间都是合作关系，事实上，竞争与合作同等重要。因此，智能体间的关系必须直接用正权重（负权重）表示合作（竞争）的符号图表示。利用符号图的优势，Meng[5]首次将包含控制拓展到双边包含控制。结果表明，跟随者进入领导者路径组成的凸包和它的对称凸包中。基于反馈控制，Zuo 等[6]解决了符号图下的异构多智能体系统的双边包含问题。它指出在实际应用中，如果智能体的全阶状态信息难以获取，那么输出反馈控制将比状态反馈控制更实用。Zhou 等[7]利用了非线性分解方法来建立实际控制信号与量化控制信号的联系，提出了基于观测器的事件触发控制器解决含量化的多智能体系统的双边包含问题。Meng 等[8]研究了时变竞争-合作拓扑下的高阶双边包含跟踪。以上研究中系统都是渐近达到双边包含控制。不过，收敛率是评测控制器性能的重要指标。因此，具有更快的收敛率、更好的抗干扰性等优点的有限时间控制器[9]越来越重要。值得一提的是，有限时间控制与初始值紧密相关，也就是说，系统的稳定时间随初始值的变化而剧烈变化。因此，基于以上所提到的优点，很有必要研究固定时间控制。目前，关于固定时间控制的文献非常多，如固定时间同步[10]、固定时间编队[11]、固定时间一致性[12]、固定时间蜂拥[13]等。

受过去研究的启发，利用固定时间稳定性理论解决固定时间双边包含问题。

据本书所知，目前还未有人研究这一问题。本章主要贡献概括如下。①无论系统有没有干扰，本章所提出的固定时间控制器都能保证系统达到双边包含控制。②与渐近双边包含控制[5, 6]相比，基于固定时间稳定性的控制器使得系统收敛时间与初始值无关。因此，稳定时间可以被准确计算，反过来说，也就是稳定时间可以通过调整控制参数提前设计成任意值。③事实上，外部干扰随处可见并且它们的影响不可忽视，与一阶双边包含控制[5]相比，将一阶含有干扰的系统拓展到二阶含有干扰的系统，在理论和应用上，这更实际也更有意义。

10.2 问题描述

10.2.1 一阶多智能体系统

本章考虑含 $l+h$ 个智能体的系统，其中跟随者标记为 $i=1,2,\cdots,l$，领导者标记为 $k=l+1,l+2,\cdots,l+h$。智能体动态如下所示：

$$\text{跟随者：}\ \dot{x}_i(t)=u_i(t)+w_i(t) \tag{10.1}$$

$$\text{领导者：}\ \dot{x}_k(t)=w_k(t) \tag{10.2}$$

其中，$x_i(t),u_i(t),w_i(t)$ 分别表示跟随者 i 的状态、控制输入和干扰；$x_k(t),w_k(t)$ 分别表示领导者 k 的状态和干扰。定义如下双边包含误差：

$$e_{ix}(t)=\sum_{j=1}^{l}a_{ij}(\text{sign}(a_{ij})x_i(t)-x_j(t))+\sum_{k=l+1}^{l+h}\text{g}_i^k(\text{sign}(\text{g}_i^k)x_i(t)-x_k(t))$$

假设 10.1 对于外部干扰，它满足 $|w_i(t)|\leqslant c,|w_k(t)|\leqslant c$，其中 c 是正数。

定义 10.1 对于多智能体系统（10.1）和系统（10.2），当且仅当存在一个分布式控制器 u_i 和与初始值无关的固定时间 $T>0$ 使得跟随者的轨迹进入由领导者组成的凸包 $\text{co}(X_h)$，固定时间双边包含问题得以解决，其中凸包定义如下：

$$\text{co}(X_h)=\left\{\sum_{i=l+1}^{l+h}(\alpha_i x_i-\beta_i x_i)\,|\,\alpha_i\geqslant 0,\beta_i\geqslant 0,\sum_{i=l+1}^{l+h}(\alpha_i+\beta_i)=1\right\}$$

引理 10.1 在假设 2.1 和假设 10.1 下，对于多智能体系统（10.1）和系统（10.2），如果 $\lim\limits_{t\to t_1}e_{ix}(t)=0$，则系统实现双边包含控制。

证明 证明过程与已有文献中的证明类似，故此处省略。

10.2.2 二阶多智能体系统

本章考虑 $l+h$ 个智能体组成的系统，其中 l 个跟随者标记为 $i=1,2,\cdots,l$，h 个领导者标记为 $k=l+1,l+2,\cdots,l+h$。领导者-跟随者智能体的动态为

$$\text{跟随者：}\begin{cases}\dot{x}_i(t)=v_i(t)\\ \dot{v}_i(t)=u_i(t)+w_i(t)\end{cases}\tag{10.3}$$

$$\text{领导者：}\begin{cases}\dot{x}_k(t)=v_k(t)\\ \dot{v}_k(t)=w_k(t)\end{cases}\tag{10.4}$$

其中，x_i,v_i,u_i,w_i 分别表示跟随者 i 的状态、速度、控制输入和干扰；x_k,v_k,w_k 分别表示领导者 k 的状态、速度和干扰。定义一致性误差如下：

$$e_{ix}(t)=\sum_{j=1}^{l}a_{ij}(\text{sign}(a_{ij})x_i(t)-x_j(t))+\sum_{k=l+1}^{l+h}g_i^k(\text{sign}(g_i^k)x_i(t)-x_k(t))$$

$$e_{iv}(t)=\sum_{j=1}^{l}a_{ij}(\text{sign}(a_{ij})v_i(t)-v_j(t))+\sum_{k=l+1}^{l+h}g_i^k(\text{sign}(g_i^k)v_i(t)-v_k(t))$$

假设 10.2　对于外部干扰，它满足 $|w_i(t)|\leqslant c,|w_k(t)|\leqslant c$，其中 c 是正数。

定义 10.2　对于系统（10.3）和系统（10.4），当且仅当存在一个分布式控制器 u_i 和与初始值无关的固定时间 $T>0$ 使得跟随者的状态轨迹和速度轨迹分别进入由领导者组成的凸包 $\text{co}(X_h)$ 和 $\text{co}(V_h)$，固定时间双边包含问题得以解决，其中凸包定义如下：

$$\text{co}(X_h)=\left\{\sum_{i=l+1}^{l+h}(\alpha_i x_i-\beta_i x_i)\,|\,\alpha_i\geqslant 0,\beta_i\geqslant 0,\sum_{i=l+1}^{l+h}(\alpha_i+\beta_i)=1\right\}$$

$$\text{co}(V_h)=\left\{\sum_{i=l+1}^{l+h}(\alpha_i v_i-\beta_i v_i)\,|\,\alpha_i\geqslant 0,\beta_i\geqslant 0,\sum_{i=l+1}^{l+h}(\alpha_i+\beta_i)=1\right\}$$

引理 10.2　在假设 2.1 和假设 10.2 下，对于多智能体系统（10.3）和系统（10.4），如果 $\lim\limits_{t\to t_2}e_{ix}(t)=0$，$\lim\limits_{t\to t_2}e_{iv}(t)=0$，则系统实现了双边包含控制。

证明　证明过程与已有文献中的证明类似，故此处省略。

10.3　一阶带干扰的多智能体系统的双边包含控制

考虑系统（10.1）和系统（10.2），提出如下基于状态反馈的控制器：

$$u_i(t)=-\text{sig}(e_{ix}(t))^{2-\frac{1}{d}}-g\text{sig}(e_{ix}(t))^{\frac{1}{d}}-f\text{sign}(e_{ix}(t))\tag{10.5}$$

其中，$g>0$；$d>1,d$ 是正奇数；f 稍后进行设计。

定理 10.1　若假设 2.1 和假设 10.1 成立，对于控制输入式（10.5）下的多智能体系统（10.1）和系统（10.2），其中，$f\geqslant c+\left\|\left(\sum_{r=l+1}^{l+h}(\varphi_r\otimes I)\right)^{-1}\sum_{k=l+1}^{l+h}(G_k\otimes I)\right\|_1 c$，那么双边包含控制在固定时间内实现：

$$T_1 \leqslant \frac{d\pi l^{\frac{d-1}{4d}}}{2\sqrt{g}(d-1)}\lambda_{\max}\left(\left(\sum_{r=l+1}^{l+h}(\varphi_r \otimes I)\right)^{-1}\right)$$

证明 跟踪误差可以用以下矩阵形式表示:

$$\begin{aligned} e_x(t) &= ((\bar{D}-A)\otimes I)x(t) + \sum_{k=l+1}^{l+h}(\bar{G}_k \otimes I)x(t) - \sum_{k=l+1}^{l+h}(G_k \otimes I)(1\otimes x_r(t)) \\ &= \sum_{k=l+1}^{l+h}(\varphi_k \otimes I)x(t) - \sum_{k=l+1}^{l+h}(G_k \otimes I)\bar{x}_r(t) \\ &= \sum_{v=l+1}^{l+h}(\varphi_v \otimes I)(x(t) - \left(\sum_{r=l+1}^{l+h}(\varphi_r \otimes I)\right)^{-1}\sum_{k=l+1}^{l+h}(G_k \otimes I)\bar{x}_r(t)) \end{aligned}$$

其中, $x=[x_1,x_2,\cdots,x_l]^{\mathrm{T}}$; $\bar{x}_r = 1\otimes x_r$。记 $\delta = x - \left(\sum_{r=l+1}^{l+h}(\varphi_r \otimes I)\right)^{-1}\sum_{k=l+1}^{l+h}(G_k \otimes I)\bar{x}_r$,其中 $\delta=[\delta_1,\delta_2,\cdots,\delta_l]^{\mathrm{T}}$。所以跟踪误差公式可等效表示为

$$e_x(t) = \sum_{v=l+1}^{l+h}(\varphi_v \otimes I)\delta(t)$$

经过计算, $\delta(t)$ 的导数为

$$\begin{aligned} \dot{\delta}(t) &= -\mathrm{sig}(e_x(t))^{2-\frac{1}{d}} - g\,\mathrm{sig}(e_x(t))^{\frac{1}{d}} - f\,\mathrm{sign}(e_x(t)) + W_1(t) \\ &\quad - \left(\sum_{r=l+1}^{l+h}(\varphi_r \otimes I)\right)^{-1}\sum_{k=l+1}^{l+h}(G_k \otimes I)\bar{W}_r(t) \end{aligned}$$

其中, $W_1=[w_1,w_2,\cdots,w_l]^{\mathrm{T}}$; $\bar{W}_r = 1\otimes w_r$。

定义 Lyapunov 函数为 $V(t)=\frac{1}{2}\delta^{\mathrm{T}}(t)\sum_{v=l+1}^{l+h}(\varphi_v \otimes I)\delta(t)$。从引理 2.4 得 $V(t)$ 的导数为

$$\begin{aligned} \dot{V}(t) &= \delta(t)^{\mathrm{T}}\sum_{v=l+1}^{l+h}(\varphi_v \otimes I)\dot{\delta}(t) \\ &= e_x^{\mathrm{T}}(t)(-\mathrm{sgn}(e_x(t))^{2-\frac{1}{d}} - g\,\mathrm{sig}(e_x(t))^{\frac{1}{d}} - f\,\mathrm{sgn}(e_x(t)) \\ &\quad + W_1(t) - \left(\sum_{r=l+1}^{l+h}(\varphi_r \otimes I)\right)^{-1}\sum_{k=l+1}^{l+h}((G_k \otimes I)W_r(t)) \\ &\leqslant -\|e_x(t)\|_{3-\frac{1}{d}}^{3-\frac{1}{d}} - g\|e_x(t)\|_{1+\frac{1}{d}}^{1+\frac{1}{d}} - \|e_x(t)\|\left(f - c - \left\|\left(\sum_{r=l+1}^{l+h}(\varphi_r \otimes I)\right)^{-1}\sum_{k=l+1}^{l+h}(G_k \otimes I)\right\|_1 c\right) \\ &\leqslant -l^{\frac{1-d}{2d}}\|e_x(t)\|_2^{\frac{3d-1}{d}} - g\|e_x(t)\|_2^{1+\frac{1}{d}} \end{aligned}$$

$$\leqslant -\frac{l^{\frac{1-d}{2d}}2^{\frac{3d-1}{2d}}}{\lambda_{\max}^{\frac{3d-1}{2d}}\left(\left(\sum_{r=l+1}^{l+h}(\varphi_r\otimes I)\right)^{-1}\right)}(V(t))^{\frac{3d-1}{2d}}-\frac{2^{\frac{d+1}{2d}}g}{\lambda_{\max}^{\frac{d+1}{2d}}\left(\left(\sum_{r=l+1}^{l+h}(\varphi_r\otimes I)\right)^{-1}\right)}(V(t))^{\frac{d+1}{2d}} \tag{10.6}$$

以上不等式都是通过引理 2.2 推得。根据式（10.6）和引理 2.3，可得 $V(t)$ 在固定时间内趋于 0，这意味着 $e_x(t)=0$ 将在固定时间内始终保持。显然，根据引理 10.1 固定时间双边包含控制可以实现。证毕。

推论 10.1 如果假设 2.1 成立，考虑多智能体系统没有干扰的特殊情况，即领导者以固定速度运动，控制器（10.5）依然可使系统实现双边包含控制。

证明 为了避免冗杂，证明过程可以参考定理 10.1，故此处省略。

10.4 二阶带干扰的多智能体系统的双边包含控制

本节将关注二阶系统（10.3）和系统（10.4）实现双边包含控制。整个过程分为两部分。首先，结合状态误差和速度误差建立了终端滑模矢量。其次，基于固定时间稳定理论，提出一个双边包含控制器。

双边包含误差可用矩阵形式表示为

$$e_x(t)=\sum_{v=l+1}^{l+h}(\varphi_v\otimes I)\left(x(t)-\left(\sum_{r=l+1}^{l+h}(\varphi_r\otimes I)\right)^{-1}\sum_{k=l+1}^{l+h}(G_k\otimes I)\overline{x}_r(t)\right)$$

$$e_v(t)=\sum_{v=l+1}^{l+h}(\varphi_v\otimes I)\left(v(t)-\left(\sum_{r=l+1}^{l+h}(\varphi_r\otimes I)\right)^{-1}\sum_{k=l+1}^{l+h}(G_k\otimes I)\overline{v}_r(t)\right)$$

其中，$x=[x_1,x_2,\cdots,x_l]^{\mathrm{T}};v=[v_1,v_2,\cdots,v_l]^{\mathrm{T}};\overline{x}_r=1\otimes x_r;\overline{v}_r=1\otimes v_r$。为了简便，记

$$\xi=x-\left(\sum_{r=l+1}^{l+h}(\varphi_r\otimes I)\right)^{-1}\sum_{k=l+1}^{l+h}(G_k\otimes I)\overline{x}_r,\quad \eta=v-\left(\sum_{r=l+1}^{l+h}(\varphi_r\otimes I)\right)^{-1}\sum_{k=l+1}^{l+h}(G_k\otimes I)\overline{v}_r$$

因此双边包含误差可等价表示为

$$e_x(t)=\left(\sum_{v=l+1}^{l+h}(\varphi_v\otimes I)\right)\xi(t),\quad e_v(t)=\left(\sum_{v=l+1}^{l+h}(\varphi_v\otimes I)\right)\eta(t) \tag{10.7}$$

基于以上讨论，利用固定时间稳定性理论，对每个跟随者构造滑模面：

$$s(t)=\eta(t)+\mathrm{sig}^e(e_x(t)) \tag{10.8}$$

其中，$0<e<1$。为了实现以上二阶系统的双边包含控制，设计控制输入如下：

$$u(t)=-e\,|\,e_x(t)\,|^{e-1}-\mathrm{sig}^{2-\frac{1}{g}}(s(t))-v\mathrm{sig}^{\frac{1}{g}}(s(t))-b\mathrm{sign}(s(t)) \tag{10.9}$$

其中，$v>0;b\geqslant c+\left\|\left(\sum_{r=l+1}^{l+h}(\varphi_r\otimes I)\right)^{-1}\sum_{k=l+1}^{l+h}(G_k\otimes I)\right\|_1 c;g>1,g$ 是正奇数。

定理 10.2　若假设 2.1 和假设 10.2 成立，对于控制输入式（10.9）下的多智能体系统（10.3）和系统（10.4），其中$b \geqslant c + \left\| \left(\sum_{r=l+1}^{l+h} (\varphi_r \otimes I) \right)^{-1} \sum_{k=l+1}^{l+h} (G_k \otimes I) \right\|_1 c$，双边包含控制可在以下固定时间内实现：

$$T_3 \leqslant T_2 + 2\frac{\left(0.5\xi^{\mathrm{T}}(T_2)\left(\sum_{v=l+1}^{l+h}(\varphi_v \otimes I)\right)\xi(T_2)\right)^{\frac{1-e}{2}}}{(1-e)\left(\sqrt{2/\lambda_{\max}\left(\left(\sum_{r=l+1}^{l+h}(\varphi_r \otimes I)\right)^{-1}\right)}\right)^{e+1}}\left(T_2 = \frac{g\pi l^{\frac{g-1}{4g}}}{2\sqrt{v(g-1)}}\lambda_{\max}\left(\left(\sum_{r=l+1}^{l+h}(\varphi_r \otimes I)\right)^{-1}\right)\right)$$

证明　第一步：将式（10.9）代入式（10.3）和式（10.4），可得

$$\begin{aligned}\dot{\eta}(t) = &-e\,|\,e_x(t)\,|^{e-1} - \mathrm{sig}^{2-\frac{1}{g}}(s(t)) - v\mathrm{sig}^{\frac{1}{g}}(s(t)) - b\mathrm{sign}(s(t)) \\ &+ W_1(t) - \left(\sum_{r=l+1}^{l+h}(\varphi_r \otimes I)\right)^{-1}\sum_{k=l+1}^{l+h}(G_k \otimes I)\bar{W}_r(t)\end{aligned}$$

其中，$W_1 = [w_1, w_2, \cdots, w_l]^{\mathrm{T}}; \bar{W}_r = 1 \otimes w_r$。将$s(t)$对时间进行微分：

$$\begin{aligned}\dot{s}(t) = &-\mathrm{sig}^{2-\frac{1}{g}}(s(t)) - v\mathrm{sig}^{\frac{1}{g}}(s(t)) - b\mathrm{sign}(s(t)) + W_1(t) \\ &- \left(\sum_{r=l+1}^{l+h}(\varphi_r \otimes I)\right)^{-1}\sum_{k=l+1}^{l+h}(G_k \otimes I)\bar{W}_r(t)\end{aligned}$$

构造 Lyapunov 函数$V_1(t) = \frac{1}{2}s(t)^{\mathrm{T}}s(t)$。对$V_1(t)$微分可得

$$\begin{aligned}\dot{V}_1(t) &= s(t)^{\mathrm{T}}\dot{s}(t) \\ &= s(t)^{\mathrm{T}}\left(-\mathrm{sig}^{2-\frac{1}{g}}(s(t)) - v\mathrm{sig}^{\frac{1}{g}}(s(t)) - b\mathrm{sign}(s(t)) + W_1(t) - \left(\sum_{r=l+1}^{l+h}(\varphi_r \otimes I)\right)^{-1}\sum_{k=l+1}^{l+h}(G_k \otimes I)\bar{W}_r(t)\right) \\ &\leqslant -\|s(t)\|_{3-\frac{1}{g}}^{3-\frac{1}{g}} - v\|s(t)\|_{1+\frac{1}{g}}^{1+\frac{1}{g}} - \|s(t)\|\left(b - c - \left\|\left(\sum_{r=l+1}^{l+h}(\varphi_r \otimes I)\right)^{-1}\sum_{k=l+1}^{l+h}(G_k \otimes I)\right\|_1 c\right) \\ &\leqslant -l^{\frac{1-g}{2g}}\|s(t)\|_2^{\frac{3g-1}{g}} - v\|s(t)\|_2^{1+\frac{1}{g}} \\ &\leqslant -\frac{l^{\frac{1-g}{2g}}2^{\frac{3g-1}{2g}}}{\lambda_{\max}^{\frac{3g-1}{2g}}\left(\left(\sum_{r=l+1}^{l+h}(\varphi_r \otimes I)\right)^{-1}\right)}V_1(t)^{\frac{3g-1}{2g}} - \frac{2^{\frac{g+1}{2g}}v}{\lambda_{\max}^{\frac{g+1}{2g}}\left(\left(\sum_{r=l+1}^{l+h}(\varphi_r \otimes I)\right)^{-1}\right)}V_1(t)^{\frac{g+1}{2g}}\end{aligned} \tag{10.10}$$

以上不等式都是通过引理 2.2 推得。显然，由式（10.10）和引理 2.3，可得 $V(t)$ 在固定时间内趋于 0，这意味着 $e_x(t)=0$ 在固定时间内始终保持，固定时间上界为

$$T_2=\frac{g\pi l^{\frac{g-1}{4g}}}{2\sqrt{v}(g-1)}\lambda_{\max}\left(\left(\sum_{r=l+1}^{l+h}(\varphi_r\otimes I)\right)^{-1}\right)$$

第二步：基于以上详细分析，如果 $s(t)=0$ 成立，易得当 $i=1,2,\cdots,l$ 时，$\eta(t)=-\mathrm{sig}^e(e_x(t))$。为了使 $(e_x(t),e_v(t))$ 收敛到 $(0,0)$，构造如下 Lyapunov 函数：

$$V_2(t)=\frac{1}{2}\xi^{\mathrm{T}}(t)\left(\sum_{v=l+1}^{l+h}(\varphi_v\otimes I)\right)\xi(t)$$

显然可得

$$\begin{aligned}\dot{V}_2(t)&=\xi(t)^{\mathrm{T}}\left(\sum_{v=l+1}^{l+h}(\varphi_v\otimes I)\right)\eta(t)\\&=-e_x(t)^{\mathrm{T}}\mathrm{sig}^e(e_x(t))\\&\leqslant-\|e_x(t)\|_2^{e+1}\\&\leqslant-\frac{2^{\frac{e+1}{2}}}{\lambda_{\max}^{\frac{e+1}{2}}\left(\left(\sum_{r=l+1}^{l+h}(\varphi_r\otimes I)\right)^{-1}\right)}V_2(t)^{\frac{e+1}{2}}\end{aligned}\tag{10.11}$$

通过稳定性定理，可得 $\xi(t)$ 渐近收敛到 0。由式（10.7）和式（10.11）可得 $(e_{ix}(t),e_{iv}(t))$ 在有限时间内达到 $(0,0)$，收敛时间的上限满足

$$T_3=T_2+2\frac{\left(0.5\xi(T_2)^{\mathrm{T}}\left(\sum_{v=l+1}^{l+h}(\varphi_v\otimes I)\right)\xi(T_2)\right)^{\frac{1-e}{2}}}{(1-e)(\sqrt{2/\lambda_{\max}})^{e+1}}$$

注释 10.1　虽然本部分第二阶段利用有限时间稳定性定理得出收敛时间与第一阶段收敛值有关，但由于第一阶段得出收敛值与系统初始值无关，即以上收敛时间可以用公式精准表示且表达式中的 $\xi(T_2)$ 只依赖系统参数，可根据目标要求提前设定。

推论 10.2　如果假设 2.1 成立，考虑多智能体系统（10.3）和系统（10.4）没有干扰的特殊情况，即领导者以固定速度运动，控制器（10.9）依然可使系统实现双边包含控制。

证明　为了避免冗杂，证明过程可以参考定理 10.2，故此处省略。

10.5 数值仿真

本节将介绍四个仿真例子证明理论结果的正确性与有效性。标号为 1～4 的跟随者与标号为 5～6 的领导者之间的通信拓扑图如图 10-1 所示。

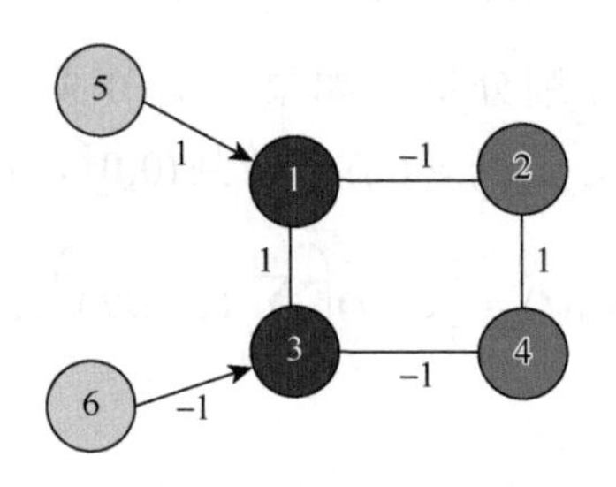

图 10-1　通信拓扑图

例 10.1（一阶系统）　在此处，考虑系统（10.1）和系统（10.2），控制协议（10.5）用来实现动态智能系统的固定时间双边包含。初始值设计为 $x(0)=[-10,-2,-8,-14,-0.8,-0.65]^{\mathrm{T}}$。

情况 1（没有干扰）：$w_i=0, i=1,2,\cdots,6, g=1, d=3, f=6$。

情况 2（有干扰）：$w_i=2\cos(10t), i=1,2,\cdots,6, g=5, d=3, f=0$。

在情况 1 下智能体的状态轨迹和状态误差如图 10-2 和图 10-3 所示。图 10-4 和图 10-5 介绍了情况 2 下智能体的状态轨迹和状态误差。

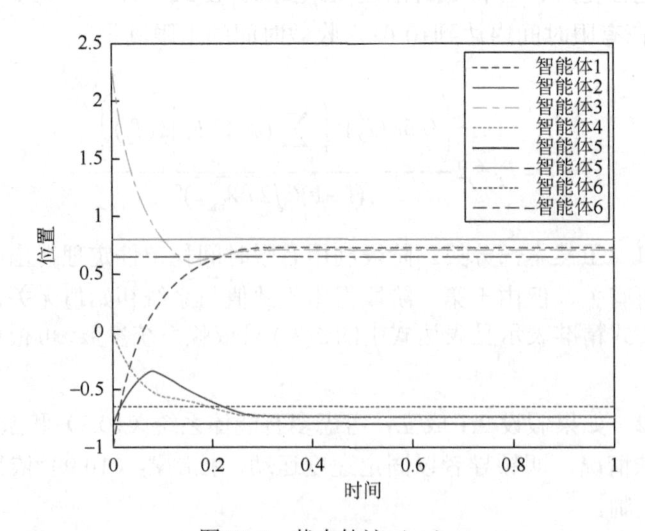

图 10-2　状态轨迹（一）

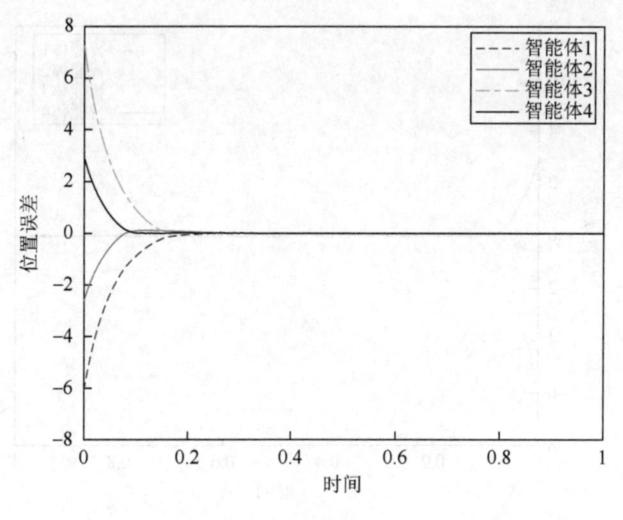

图 10-3　状态误差（一）

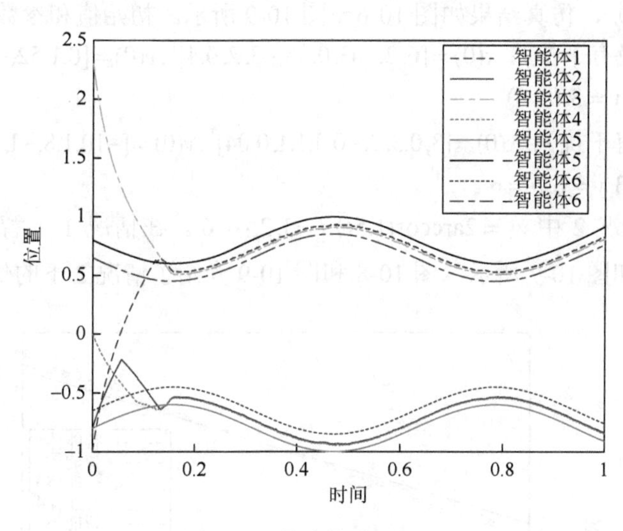

图 10-4　状态轨迹（二）

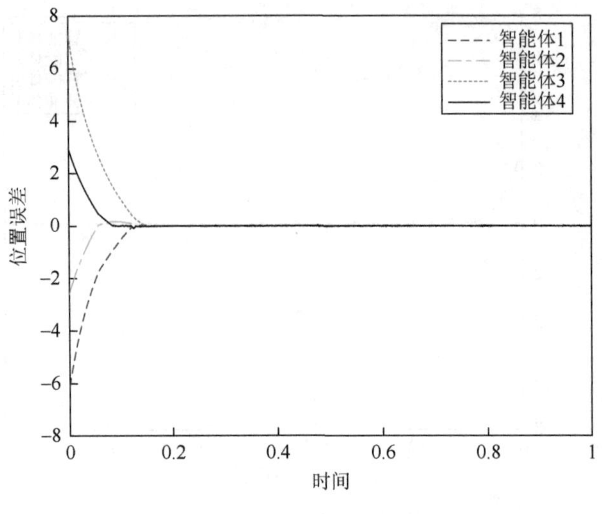

图 10-5 状态误差（二）

例 10.2（二阶系统） 在此处，考虑控制协议（10.9）下的多智能体系统（10.3）和系统（10.4），仿真结果如图 10-6～图 10-9 所示。初始值和参数设计如下。

情况 1（没有干扰）：$x(0)=[6,2.203,0.35,-3,2,0.4]^{\mathrm{T}},v(0)=[0,1.52,-1,5,1.5,-1.8]^{\mathrm{T}}$，$g=6,e=0.95,v=3,b=0$。

情况 2（有干扰）：$x(0)=[3,0.3,2,-0.3,1.1,0.04]^{\mathrm{T}},v(0)=[-10,1.8,-1,5,-0.05,-1.8]^{\mathrm{T}}$，$g=2,e=0.483,v=6,b=6$。

另外，情况 2 中 $w_i=2\arccos(1.5t),i=1,2,\cdots,6$。在情况 1 下智能体的仿真结果如图 10-6 和图 10-7 所示。图 10-8 和图 10-9 介绍了情况 2 下的仿真结果。

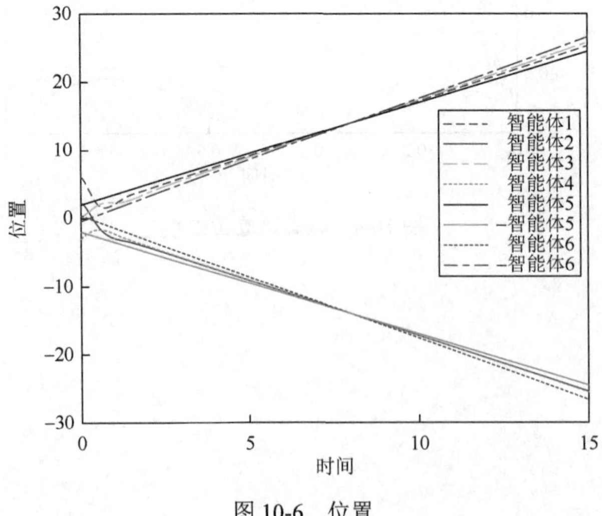

图 10-6 位置

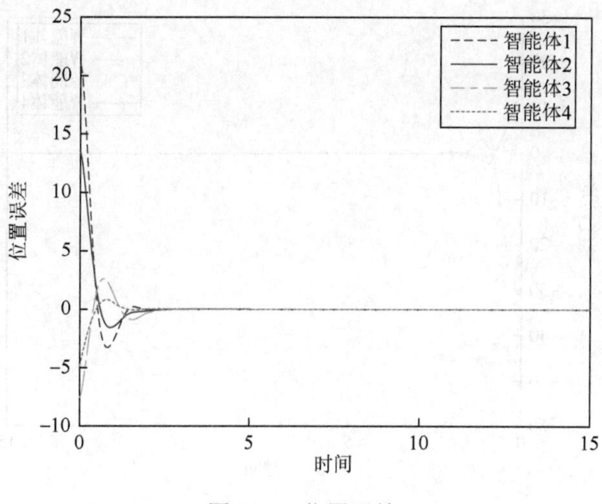

图 10-7　位置误差

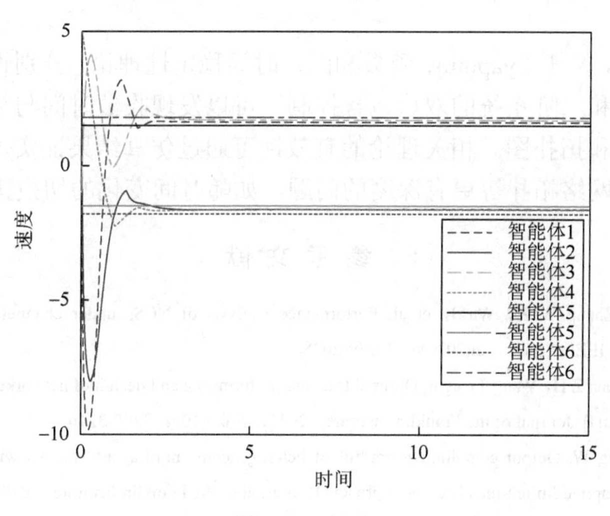

图 10-8　速度

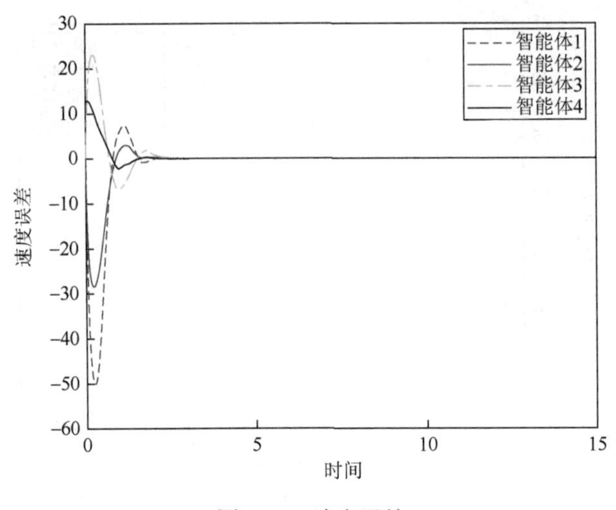

图 10-9 速度误差

10.6 本 章 小 结

在本章中，基于 Lyapunov 函数和固定时间稳定性理论，分别设计了相应的控制器实现一阶和二阶系统的双边包含控制。可以发现收敛时间与初始值无关但是仅仅依赖参数和拓扑图。相关理论的有效性可通过仿真结果证实。此研究方向将考虑更复杂的网络拓扑等更有深度的问题，如随时间变化的切换拓扑。

参 考 文 献

[1] Zhan X S，Zhang W K，Wu J，et al. Performance analysis of NCSs under channel noise and bandwidth constraints[J]. IEEE Access，2020，8：20279-20288.

[2] Zhan X S，Guan Z H，Wang T，et al. Optimal tracking performance and design of networked control systems with packet dropout[J]. Journal of the Franklin Institute，2013，350（10）：3205-3216.

[3] Yuan C，Zeng W. Output containment control of heterogeneous multi-agent systems with leaders of bounded inputs：An adaptive finite time observer approach[J]. Journal of the Franklin Institute，2019，356（6）：3419-3442.

[4] Han T，Li J，Liang H J，et al. Containment control of multi-agent systems via a disturbance observer-based approach[J]. Journal of the Franklin Institute，2019，356（5）：2919-2930.

[5] Meng D. Bipartite containment tracking of signed networks[J]. Automatic，2017，79：282-289.

[6] Zuo S，Song Y，Lewis F L，et al. Bipartite output containment of general linear heterogeneous multi-agent systems on signed digraphs[J]. IET Control Theory and Application，2018，12（9）：1180-1188.

[7] Zhou Q，Wang W，Liang H J，et al. Observer-based event-triggered fuzzy adaptive bipartite containment control of multi-agent systems with input quantization[J]. IEEE Transactions on Fuzzy Systems，2019，29（2）：372-384.

[8] Meng X，Gao H. High-order bipartite containment control in multiagent systems over time-varying cooperation-competition networks[J]. Neurocomputing，2019，359：509-516.

[9] Hu B，Guan Z H，Fu M Y，et al. Distributed event-driven control for finite time consensus[J]. Automatica，2019，103：88-95.

[10] Xu Y，Wu X，Li N，et al. Fixed-time synchronization of complex networks with a simpler non-chattering controller[J]. IEEE Transactions on Circuits and Systems-II：Express Briefs，2020，67（4）：700-704.

[11] Zhang X H，Peng Z X，Yang S C，et al. Distributed fixed-time consensus-based formation tracking for multiple nonholonomic wheeled mobile robots under directed topology[J]. International Journal of Control，2021，94（1）：248-257.

[12] Ning B，Han Q L，Zuo Z Y，et al. Practical fixed-time consensus for integrator-type multi-agent systems：A time base generator approach[J]. Automatica，2019，105：406-414.

[13] Xiao Q，Liu H，Wang X，et al. A note on the fixed-time bipartite flocking for nonlinear multi-agent systems[J]. Applied Mathematics Letters，2020，99：1059710.

第 11 章　分布式自适应协议下奇异多智能体系统的双边包含控制

11.1　引　言

在过去的十年中，各领域分析和研究复杂的动态网络[1-5]付出了很多努力。多智能体系统的协同控制吸引了许多研究者的兴趣，因为它旨在实现各种多智能体的有序集群行为。协同控制包括一些基本方面，如一致性[6]、编队控制[7]、蜂拥[8]和汇合[9]。根据领导者数量，一致性问题通常可以分为无领导者一致性问题[10-12]、一致性跟踪问题[13-15]（一个领导者）和包含控制问题[16-18]（一个以上领导者）。

与无领导者一致性和一致性跟踪不同，包含控制可以使所有跟随者进入领导者组成的凸包内。Han 等[19]研究了外来干扰下多智能体系统的包含控制问题，其中干扰观察者被考虑在内。基于编码-解码策略，Li 等[20]解决了量化通信下多智能体系统的包含控制问题。应当注意到，同质系统不足以模拟智能体的动态行为，而奇异系统（描述符系统）能够描述更一般的物理系统。因此，关于奇异多智能体系统的研究应运而生，并在文献[21]～[23]中得出了一些结果。Zuo 等[21]利用内部模型原理实现了线性异构多智能体系统的输出包含。Cong 等[22]建立了两种用于智能体的分布式控制算法来解决奇异系统中的包含控制问题。Ma 等[23]通过采用前馈控制技术以及简化的方法，实现了异质多智能体系统的协同输出调节。

前述文献主要研究智能体间相互合作的传统通信交互。然而在许多实际场景中，智能体之间的关系有合作和竞争。竞争关系下的符号网络通常表示为符号图，其邻接权重既有正的，也有负的。Altafini[24]首先发现了一组智能体达到相同的模值，但符号相反。在此基础上，跟随者的状态轨迹可以到达由领导者的轨迹和对称轨迹所围成的凸包内。这就是所谓的双边包含。Chen 等[25]研究了双边包含，并讨论了使线性多智能体系统稳定的必要条件。Meng 等[26]研究了高阶多智能体系统的双边包含问题，其中智能体之间的动态竞争相互作用用任意切换网络模拟。Zhou 等[27]解决了输入量化下非线性多智能体系统的双边包含，其中通过反推技术提出了事件触发策略。

鉴于输出调节理论[28-30]和先前有关双边一致性的工作[31-33]，本章通过自适应协议研究奇异多智能体系统的双边包含问题。主要贡献有三点。第一，将非负网络下的传统包含控制推广到符号网络[19-23]下，每个跟随者都将进入由多领导者的轨迹和相反轨迹围成的凸包。第二，设计一个奇异观察者，在此基础上对每个跟随者给出了自适应双边包含协议。与具有分布式协议的文献[34]相比，本章所提出的自适应状态反馈和输出反馈法不需要任何全局信息。第三，提出了一种简单有效的输出调节方法，该方法实现了不用过多假设的奇异多智能体系统的双边包含。

11.2　问 题 描 述

智能体之间的通信由 $\mathcal{G}=\{\mathcal{V},\mathcal{E},\mathcal{A}\}$ 来表示，其中 $\mathcal{V}=\{1,2,\cdots,N\}$，$\mathcal{E}\subset\mathcal{V}\times\mathcal{V}$ 与 $\mathcal{A}=[a_{ij}]\in\mathbb{R}^{N\times N}$ 分别表示节点集合，边集与权重矩阵。定义符号图 $\mathcal{G}$ 的拉普拉斯矩阵为 $\mathcal{L}=[l_{ij}]_{N\times N}=\operatorname{diag}\left(\sum_{j=1}^{N}|a_{1j}|,\cdots,\sum_{j=1}^{N}|a_{Nj}|\right)-\mathcal{A}$，其中 $l_{ij}=\sum_{k=1,k\neq i}^{N}|a_{ik}|$，$j=i$；$l_{ij}=-a_{ij}$，$j\neq i$。

假设 11.1　有向图 $\mathcal{G}$ 有一条从领导者到跟随者的有向路径，图 $\mathcal{G}_f$ 描述跟随者间的交互作用是结构平衡的。定义 $H=L+\sum_{k=n+1}^{n+m}\bar{G}_k$，$\bar{G}_k=\operatorname{diag}(|g_i^k|)\in\mathbb{R}^{n\times n}$。

引理 11.1　在假设 11.1 下，H^{-1} 存在且非负。令 $(\theta_1,\theta_2,\cdots,\theta_n)^{\mathrm{T}}=H^{-1}1_n$，$\Theta=\operatorname{diag}\left(\frac{1}{\theta_1},\frac{1}{\theta_2},\cdots,\frac{1}{\theta_n}\right)$，则 Θ 和 $\Theta H+H^{\mathrm{T}}\Theta$ 是正定矩阵。

这里提出奇异多智能体系统的双边包含研究，并提出如下领导者-跟随者的动力学方程：

$$\begin{cases}E_i\dot{x}_i=A_ix_i+B_iu_i, \\ y_i=C_ix_i,\end{cases}\quad i\in f \tag{11.1}$$

$$\dot{w}_k=Sw_k,\quad k\in l \tag{11.2}$$

其中，$x_i\in\mathbb{R}^n$，$u_i\in\mathbb{R}^m$ 和 $y_i\in\mathbb{R}^p$ 分别表示智能体 i 的状态向量、控制输入和输出。如果 $\operatorname{rank}(E_i)<n$，那么系统是奇异的。

假设 11.2　(E_i,A_i) 和 (E_i,A_i,B_i) 可正定。

假设 11.3　(E_i,A_i,C_i) 可观。

假设 11.4　对于 $i\in f$，存在 U_i 满足

$$A_i+B_iU_i=E_iS \tag{11.3}$$

定义 11.1　若存在 $x,y\in\mathcal{C}$ 和 $\gamma\in[0,1]$，都有 $(1-\gamma)x+\gamma y\in C$，那么称 $C\subseteq\mathbb{R}^n$

是凸包的。令 $X=\{x_{n+1},-x_{n+1},\cdots,x_{m+n},-x_{m+n}\}$ 为领导者的状态和符号相反状态，其最小凸集 $\mathrm{Co}(X)$ 用 $\mathrm{Co}(X)=\left(\sum_{l=n+1}^{n+m}(a_l x_l-b_l x_l)\mid a_l\geqslant 0,b_l\geqslant 0,\sum_{l=n+1}^{n+m}(a_l+b_l)=1\right)$ 表示。

定义包含误差为

$$e_i=\sum_{j=1}^{n}(a_{ij}x_j-|a_{ij}|x_i)+\sum_{k=n+1}^{n+m}(g_i^k w_k-|g_i^k|x_i)$$

进一步，可以写成

$$\begin{aligned}e&=\sum_{k=n+1}^{n+m}g_i^k w_k-\left(\sum_{j=1}^{n}|a_{ij}|x_i-\sum_{j=1}^{n}a_{ij}x_j+\sum_{k=n+1}^{n+m}|g_i^k|x_i\right)\\&=\sum_{k=n+1}^{n+m}(G_k\otimes I_N)(1_n\otimes w_k)\\&\quad-\left((L\otimes I_N)+\sum_{k=n+1}^{n+m}(\bar{G}_k\otimes I_N)\right)x\\&=\sum_{k=n+1}^{n+m}(G_k\otimes I_N)\bar{w}_k-(H\otimes I_N)x\end{aligned}\tag{11.4}$$

其中，$\bar{w}_k=(1_n\otimes w_k)$。

引理 11.2[16]　在假设 11.1～假设 11.4 下，考虑奇异系统（11.1）和系统（11.2），如果 $\lim\limits_{t\to\infty}e=0$，则定义 11.1 提到的双边包含问题可以解决。

11.3　主 要 结 果

针对奇异多智能体模型（11.1），给出双边包含协议 u_i 如下：

$$\begin{cases}u_i=K_{1i}x_i+K_{2i}z_i\\ \dot{z}_i=Sz_i+c_i\rho_i\eta_i\\ \dot{c}_i=\eta_i^T P\eta_i,\quad i\in F\end{cases}\tag{11.5}$$

$$\eta_i=\sum_{j=1}^{n}(a_{ij}z_j-|a_{ij}|z_i)+\sum_{k=n+1}^{n+m}(g_i^k w_k-|g_i^k|z_i)\tag{11.6}$$

其中，$c_i(t)$ 是增益，并且 $c_i(0)>1$；$\rho_i=(1+\eta_i^{\mathrm{T}}P\eta_i)^{\gamma}$，并且 $\gamma>1$；K_{1i}、K_{2i} 和正定矩阵 P 之后给定。

定理 11.1　给定假设 11.1～假设 11.4 下，考虑反馈协议（11.3），如果下面两个条件成立，那么称奇异系统（11.1）和系统（11.2）能解决双边包含问题。

（1）自适应权重 $c_i(t)$ 最终收敛到有限稳定值，函数 $\rho_i \to 1$ 随着 $t \to \infty$。此外，P 是下面不等式的解：

$$PS + S^{\mathrm{T}}P - P < 0 \tag{11.7}$$

（2）设计 K_{1i} 和 K_{2i} 使 $\sigma(E_i, A_i + B_iK_{1i}) \subset C^-$，且 $K_{2i} = U_i - K_{1i}$。

证明　结合协议（11.5），闭环系统为

$$\begin{cases} E_i\dot{x}_i = (A_i + B_iK_{1i})x_i + B_iK_{2i}z_i \\ \dot{z}_i = Sz_i + c_i\rho_i\eta_i \\ \dot{c}_i = \eta_i^{\mathrm{T}}P\eta_i \end{cases}$$

其紧凑形式为

$$\begin{cases} E\dot{x} = (A + BK_1)x + BK_2z \\ \dot{z} = (I_n \otimes S)z + (c\rho \otimes I_N)\eta \end{cases} \tag{11.8}$$

其中，$x = \mathrm{col}(x_1, x_2, \cdots, x_n)$；$z = \mathrm{col}(z_1, z_2, \cdots, z_n)$；$A = \text{block diag}(A_1, A_2, \cdots, A_n)$；$B = \text{block diag}(B_1, B_2, \cdots, B_n)$；$E = \text{block diag}(E_1, E_2, \cdots, E_n)$；$K_1 = \text{block diag}(K_{11}, K_{12}, \cdots, K_{1n})$；$K_2 = \text{block diag}(K_{21}, K_{22}, \cdots, K_{2n})$；$c = \mathrm{diag}(c_1, c_2, \cdots, c_n)$；$\rho = \mathrm{diag}(\rho_1, \rho_2, \cdots, \rho_n)$。

结合 $\eta = -(H \otimes I_N)z + \sum_{k=n+1}^{n+m}(G_k \otimes I_N)\overline{w}_k$，式（11.7）可以写成

$$\begin{aligned} E\dot{x} &= (A + BK_1)x - BK_2(H \otimes I_N)^{-1}\eta \\ &\quad + BK_2(H \otimes I_N)^{-1}\sum_{k=n+1}^{n+m}(G_k \otimes I_N)\overline{w}_k \\ \dot{\eta} &= (I_n \otimes S - Hc\rho \otimes I_N)\eta \end{aligned}$$

考虑状态包含误差和补偿器误差为

$$\tilde{x} = x - (H \otimes I_p)^{-1}\sum_{k=n+1}^{n+m}(G_k \otimes I_p)\overline{w}_k \tag{11.9}$$

结合式（11.2）、式（11.8）和式（11.9），得到

$$\begin{cases} E\dot{\tilde{x}} = (A + BK_1)\tilde{x} - BK_2(H \otimes I_N)^{-1}\eta \\ \dot{\eta} = (I_n \otimes S - Hc\rho \otimes I_N)\eta \end{cases} \tag{11.10}$$

其中，调用式（11.3）得到式（11.10）的第一个式子。

定义 $x_c = [\tilde{x}^{\mathrm{T}}, \eta^{\mathrm{T}}]^{\mathrm{T}}$，式（11.10）可以表示为

$$E_c\dot{x}_c = A_cx_c \tag{11.11}$$

其中

$$E_c = \begin{bmatrix} E & \\ & I \end{bmatrix}, \quad A_c = \begin{bmatrix} A + BK_1 & BK_2(H \otimes I_N)^{-1} \\ 0 & I_n \otimes S - Hc\rho \otimes I_N \end{bmatrix}$$

因为$\sigma(E_i, A_i + B_i K_{1i}) \subset C^-$，可以得到$\sigma(E, A + BK_1) \subset C^-$。可以得到如果$I_n \otimes S - Hc\rho \otimes I_N$是赫尔维茨的，那么$\sigma(E_c, A_c) \subset C^-$。也就是说，$\dot{\eta} = (I_n \otimes S - Hc\rho \otimes I_N)\eta$是渐近稳定的。为了达到这个目的，提出下面 Lyapunov 函数为

$$V = \sum_{i=1}^{n} \frac{c_i}{\theta_i} \int_0^{\eta_i^{\mathrm{T}} P^{-1} \eta_i} \rho_i(s) \mathrm{d}s + \frac{(\gamma - 1)\lambda}{8\gamma} \sum_{i=1}^{n} (c_i - \alpha)^2$$

其中，λ是$\Theta H + H^{\mathrm{T}} \Theta$的最小特征值，并且$\alpha > 0$。注意到$\rho_i(s) = (1 + s)^\gamma \geqslant 1$对于$\gamma > 1$。根据引理 11.2，得到$\lambda > 0$和$\theta_i > 0$。因为$c_i(0) > 1$，对于$t > 0$有$c_i(t) > 1$成立。根据上面的分析，$V$是正定的。

对V求导为

$$\dot{V} = \sum_{i=1}^{n} \frac{2c_i}{\theta_i} \rho_i \eta_i^{\mathrm{T}} P^{-1} \dot{\eta}_i + \sum_{i=1}^{n} \frac{\dot{c}_i}{\theta_i} \int_0^{\eta_i^{\mathrm{T}} P^{-1} \eta_i} \rho_i(s) \mathrm{d}s + \frac{(\gamma - 1)\lambda}{4\gamma} \sum_{i=1}^{n} (c_i - \alpha)\dot{c}_i$$

进一步，通过数学计算得到

$$\dot{V} \leqslant \sum_{i=1}^{n} \hat{\eta}_i^{\mathrm{T}} P^{-1} (PS + S^{\mathrm{T}} P - P) P^{-1} \hat{\eta}_i$$

其中，$\hat{\eta}_i = \sqrt{\frac{c_i \rho_i}{\theta_i}} \eta_i$。结合式（11.7），得到$\dot{V} < 0$。容易看到$c_i(t)$是有界单调递增的。根据 LaSalle 不变原理，有$\eta \to 0$随着$t \to \infty$。结合$\sigma(E_c, A_c) = \sigma(E, A + BK_1) \cup \sigma(I_n \otimes S - Hc\rho \otimes I_N)$，有$\sigma(E_c, A_c) \subset C^-$，即得到$\lim\limits_{t \to \infty} \tilde{x} = 0$。

接着，e可以表示为

$$\begin{aligned} e &= -(H \otimes I_p)x + \sum_{k=n+1}^{n+m} (G_k \otimes I_p)\overline{w}_k \\ &= -(H \otimes I_p)\left(x - (H \otimes I_p)^{-1} \times \sum_{k=n+1}^{n+m} (G_k \otimes I_p)\overline{w}_k \right) \\ &= -(H \otimes I_p)\tilde{x} \end{aligned}$$

根据以上分析，得到调节输出误差$e \to 0$。定理得证。

下面，考虑基于输出反馈的奇异多智能体系统的双边包含控制，提出如下控制协议：

$$\begin{cases} E_i \dot{\hat{x}}_i = A_i \hat{x}_i + B_i u_i - Q_i (y_i - \hat{y}_i) \\ u_i = K_{1i} \hat{x}_i + K_{2i} z_i \\ \dot{z}_i = S z_i + + c_i \rho_i \eta_i \\ \dot{c}_i = \eta_i^{\mathrm{T}} P \eta_i \\ \eta_i = \sum\limits_{j=1}^{n} (a_{ij} z_j - |a_{ij}| z_i) + \sum\limits_{k=n+1}^{n+m} (g_i^k w_k - |g_i^k| z_i) \end{cases} \tag{11.12}$$

其中，$\hat{x}_i$ 为 x_i 的估计。

定理 11.2　给定假设 11.1～假设 11.4 和协议（11.12），若下面两个条件成立，那么奇异系统（11.1）和系统（11.2）能实现双边包含。

（1）自适应权重 $c_i(t)$ 最终收敛到有限稳定值，函数 $\rho_i \to 1$ 随着 $t \to \infty$。此外，P 是不等式（11.7）的解。

（2）设计 K_{1i} 和 Q_i 使 $\sigma(E_i, A_i + B_i K_{1i}) \subset C^-$ 和 $\sigma(E_i, A_i + Q_i C_i) \subset C^-$，并且令 K_{2i} 满足 $K_{2i} = U_i - K_{1i}$。

证明　利用协议（11.12），得到

$$\begin{cases} E_i \dot{x}_i = A_i x_i + B_i K_{1i} \hat{x}_i + B_i K_{2i} z_i \\ E_i \dot{\hat{x}}_i = A_i \hat{x}_i + B_i u_i - Q_i C_i (x_i - \hat{x}_i) \\ \dot{z}_i = S z_i + + c_i \rho_i \eta_i \end{cases} \tag{11.13}$$

其紧凑形式为

$$\begin{cases} E\dot{x} = Ax + BK_1 \hat{x} + BK_2 z \\ E\dot{\hat{x}} = (A + BK_1 + QC)\hat{x} + BK_2 z - QCx \\ \dot{z} = (I_n \otimes S)z + (c\rho \otimes I)\eta \end{cases} \tag{11.14}$$

其中，$\hat{x} = \mathrm{col}(\hat{x}_1, \hat{x}_2, \cdots, \hat{x}_n)$；$C = \text{block diag}(C_1, C_2, \cdots, C_n)$；$Q = \text{block diag}(Q_1, Q_2, \cdots, Q_n)$。

同样地，采用转移 $\tilde{x} = x - (H \otimes I_p)^{-1} \sum_{k=n+1}^{n+m} (G_k \otimes I_p) \overline{w}_k$ 和状态估计误差 $\delta = x - \hat{x}$，有

$$\begin{cases} E\dot{\tilde{x}} = (A + BK_1)\tilde{x} + BK_1 \delta - BK_2 (H \otimes I_N)^{-1} \eta \\ E\dot{\delta} = (A + QC)\delta \\ \dot{\eta} = (I_n \otimes S - Hc\rho \otimes I_N)\eta \end{cases} \tag{11.15}$$

令 $\tilde{x}_c = [\tilde{x}^{\mathrm{T}}, \delta^{\mathrm{T}}, \eta^{\mathrm{T}}]^{\mathrm{T}}$，式（11.15）可以写成

$$\tilde{E}\dot{\tilde{x}}_c = \tilde{A}_c \tilde{x}_c \tag{11.16}$$

其中，$\tilde{E} = \begin{bmatrix} E & & \\ & E & \\ & & I \end{bmatrix}$；$\tilde{A}_c = \begin{bmatrix} A + BK_1 & BK_1 & -BK_2 (H \otimes I)^{-1} \\ 0 & A + QC & 0 \\ 0 & 0 & I_n \otimes S - Hc\rho \otimes I_N \end{bmatrix}$。

因为 $\sigma(E_i, A_i + B_i K_{1i}) \subset C^-$ 和 $\sigma(E_i, A_i + Q_i C_i) \subset C^-$，得到 $(E, A + BK_1) \subset C^-$ 和 $\sigma(E, A + QC) \subset C^-$。由定理 11.1 可知，$I_n \otimes S - Hc\rho \otimes I_N$ 是赫尔维茨的。由于

$$\sigma(\tilde{E}_c,\tilde{A}_c)=\sigma(E,A+BK_1)\cup\sigma(E,A+QC)\cup\sigma(I_n\otimes S-Hc\rho\otimes I_N)$$

有 $\sigma(\tilde{E},\tilde{A}_c)\subset C^-$。也就是说，$(\tilde{E},\tilde{A}_c)$ 是稳定的，这表明 $\delta\to 0$ 和 $\tilde{x}\to 0$ 随着 $t\to\infty$。那么，调节输出误差满足

$$\begin{aligned}\lim_{t\to\infty}e&=-\lim_{t\to\infty}(H\otimes I_p)\\&\quad\times\left(\delta+x-(H\otimes I_p)^{-1}\sum_{k=n+1}^{n+m}(G_k\otimes I_p)\bar{w}_k\right)\\&=-\lim_{t\to\infty}(H\otimes I_p)(\delta+\tilde{x})\\&=0\end{aligned}$$

结合以上分析，利用协议（11.12）能实现双边包含控制。定理得证。

11.4 数 值 仿 真

本节将给出相关的仿真来证明所提出的输出调节方法的有效性。考虑一组六个智能体，其中跟随者标记为 1～4，领导者标记为 5 和 6。可以看出，图 11-1 是通信拓扑图，可以划分成 $\mathcal{V}_1=\{1,3\}$，$\mathcal{V}_2=\{2,4\}$ 两个集合，图中数字分别对应于正权重和负权重。智能体 i 的相应参数为

$$E_i=\begin{bmatrix}1&0\\0&1\end{bmatrix},\quad A_1=\begin{bmatrix}1&-1\\1&0\end{bmatrix},\quad A_2=\begin{bmatrix}2&0\\2&2\end{bmatrix},\quad A_3=\begin{bmatrix}2&-1\\3&3\end{bmatrix}$$

$$A_4=\begin{bmatrix}-1&-4\\3&0\end{bmatrix},\quad B_1=\begin{bmatrix}0\\1\end{bmatrix},\quad B_2=\begin{bmatrix}0\\1.2\end{bmatrix},\quad B_3=\begin{bmatrix}0\\0.5\end{bmatrix},\quad B_4=\begin{bmatrix}0\\1.3\end{bmatrix},\quad C_1=C_2=\begin{bmatrix}1&0\\0&1\end{bmatrix}$$

$$C_3=C_4=\begin{bmatrix}-5&3\\2&4\end{bmatrix},\quad S=\begin{bmatrix}1&-3\\1&-1\end{bmatrix},\quad E_i=\begin{bmatrix}1&0\\0&1\end{bmatrix}$$

解不等式（11.7），得到矩阵 $P=\begin{bmatrix}1&0.5\\0.5&2\end{bmatrix}$。选取 $K_{11}=[1\quad 0.3],K_{12}=[1\quad 0.5]$, $K_{13}=[0.5\quad 1],K_{14}=[0.2\quad 1]$ 和 $Q_1=\begin{bmatrix}0.4\\0.6\end{bmatrix},Q_2=\begin{bmatrix}1\\0\end{bmatrix},Q_3=\begin{bmatrix}0.6\\-0.7\end{bmatrix},Q_4=\begin{bmatrix}0.7\\-1.5\end{bmatrix}$ 满足 $A_i+B_iK_{1i}$ 和 $A_i+Q_iC_i$ 是赫尔维茨的。为了简便，令 $(c_1(0),c_2(0),c_3(0),c_4(0))=(0.5,0.5,0.4,0.4)$ 和 $\gamma=1$，初始值 $x_i(0)$，$\hat{x}_i(0)$ 和 $z_i(0)$ 在 $[-4,4]$ 范围内任意选取。

从图 11-2～图 11-4 可以看出，通过输出调节法，所提出的协议可以解决奇异多智能体系统（11.1）和（11.2）的双边包含问题，这与定理中给出的结果是一致的。图 11-2 描绘了所有智能体的状态轨迹，从图中可以观察到跟随者的状态轨迹

进入由领导者的状态和符号相反状态组成的凸包中。图 11-3 绘制了调节输出误差的轨迹，显示了所有智能体的调节输出误差最终收敛到零。图 11-4 描述了状态观测误差的轨迹，表明了观测者精确估计了系统的状态。

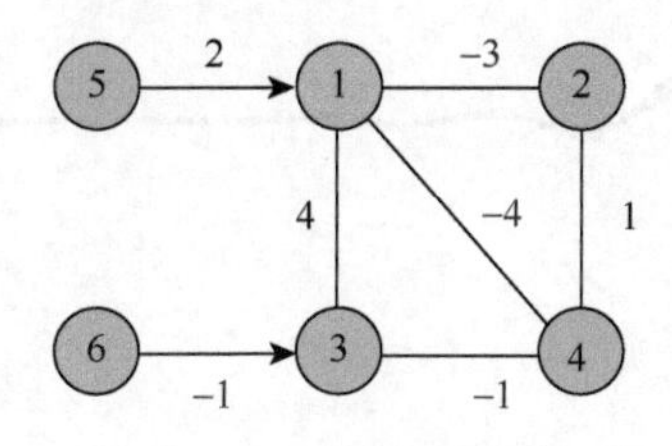

图 11-1　通信拓扑图

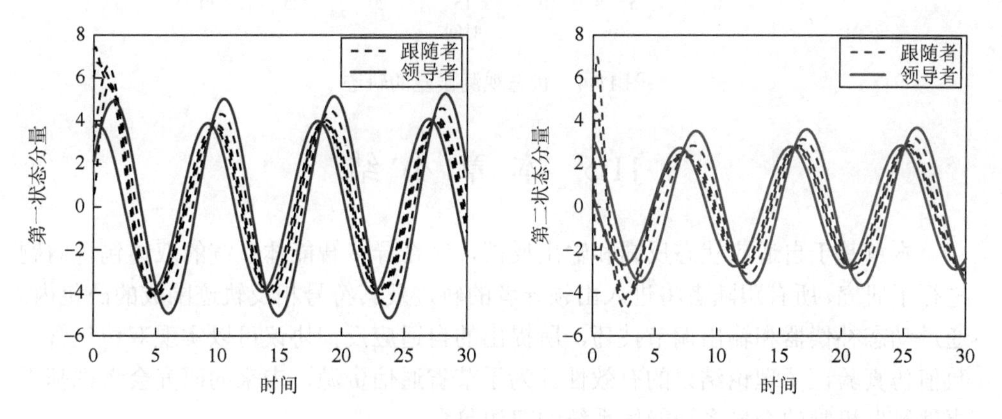

图 11-2　六个智能体的状态轨迹

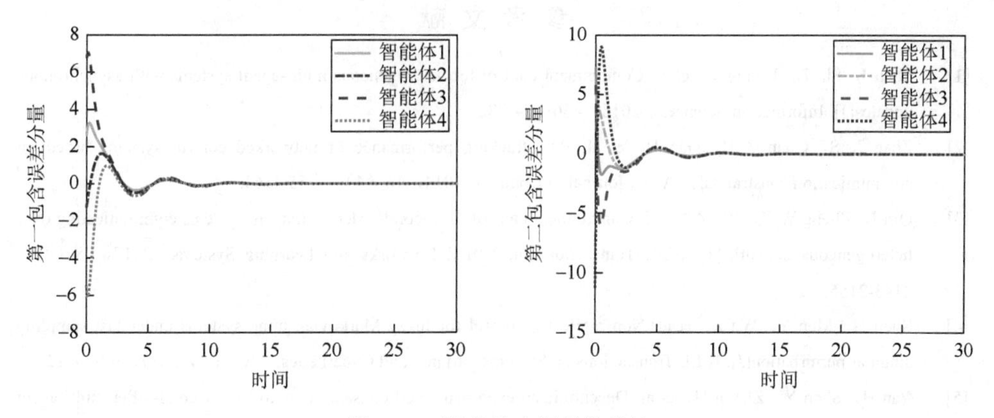

图 11-3　调节输出误差的轨迹

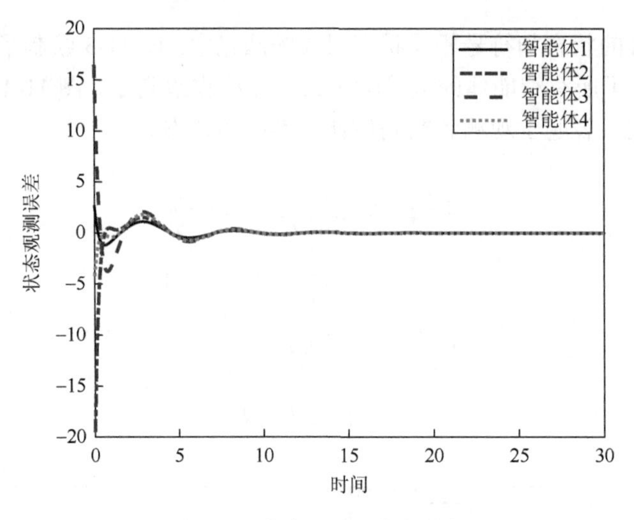

图 11-4　状态观测误差的轨迹

11.5　本 章 小 结

本章基于自适应状态反馈和输出反馈，对奇异多智能体系统的双边包含问题进行了研究，所有跟随者将进入由领导者的轨迹及其符号相反轨迹围成的凸包内。通过动态补偿器和输出调节技巧，所提出的自适应反馈协议可以实现双边包含。数值仿真验证了理论结果的有效性。为了节省通信资源，未来的研究会考虑基于事件触发机制的奇异多智能体系统的双边包含。

参 考 文 献

[1] Shao J，Shi L，Huang T，et al. Containment control for heterogeneous multi-agent systems with asynchronous updates[J]. Information Sciences，2018，436：74-88.

[2] Zhan X S，Guan Z H，Gao H，et al. Best tracking performance of networked control systems based on communication constraints[J]. Asian Journal of Control，2014，16（4）：1155-1163.

[3] Qin J，Zheng W X，Wu Z，et al. Containment control for second-order multiagent systems communicating over heterogeneous networks[J]. IEEE Transactions on Neural Networks and Learning Systems，2017，28（9）：2143-2155.

[4] Shen H，Men Y，Wu Z，et al. Nonfragile H_∞ control for fuzzy Markovian jump systems under fast sampling singular perturbation[J]. IEEE Transactions on Systems，Man，and Cybernetics：Systems，2017，99：1-12.

[5] Yan H，Shen Y，Zhang H，et al. Decentralized event-triggered consensus control for second-order multi-agent systems[J]. Neurocomputing，2014，133：18-24.

[6] Wu J，Deng Q，Han T，et al. Bipartite tracking consensus for multi-agent systems with Lipschitz-type nonlinear dynamics[J]. Physica A：Statistical Mechanics and its Applications，2019，525：1360-1369.

[7] Ge M，Guan Z，Yang C，et al. Time-varying formation tracking of multiple manipulators via distributed finite-time

control[J]. Neurocomputing，2016，202：20-26.

[8] Luo X，Li X，Li S，et al. Flocking for multi-agent systems with optimally rigid topology based on information weighted Kalman consensus filter[J]. International Journal of Control，Automation and Systems，2017，15（1）：138-148.

[9] Parasuraman R，Kim J，Luo S，et al. Multipoint rendezvous in multirobot systems[J]. IEEE Transactions on Cybernetics，2018，50（1）：310-323.

[10] Meng D，Du M，Jia Y，et al. Interval bipartite consensus of networked agents associated with signed digraphs[J]. IEEE Transactions on Automatic Control，2016，61（12）：3755-3770.

[11] Wu Z，Xu Y，Lu R Q，et al. Event-triggered control for consensus of multiagent systems with fixed/switching topologies[J]. IEEE Transactions on Systems，Man，and Cybernetics：Systems，2017，48（10）：1736-1746.

[12] He X，Wang Q. Distributed finite-time leaderless consensus control for double-integrator multi-agent systems with external disturbances[J]. Applied Mathematics and Computation，2017，295：65-76.

[13] Wu Z，Xu Y，Pan Y，et al. Event-triggered pinning control for consensus of multiagent systems with quantized information[J]. IEEE Transactions on Systems，Man，and Cybernetics：Systems，2017，48（10）：1736-1746.

[14] Wen G，Wang H. Bipartite tracking consensus of linear multi-agent systems with a dynamic leader[J]. IEEE Transactions on Circuits and Systems II：Express Briefs，2017，65（9）：1204-1208.

[15] Su H，Chen M，Lan J，et al. Semi-global leader-following consensus of linear multi-agent systems with input saturation via low gain feedback[J]. IEEE Transactions on Circuits and Systems I：Regular Papers，2013，60（7）：1881-1889.

[16] Zuo S，Song Y D. Bipartite output containment of general linear heterogeneous multi-agent systems on signed digraphs[J]. IET Control Theory & Applications，2018，12（9）：1180-1188.

[17] Wang D，Wang W. Necessary and sufficient conditions for containment control of multi-agent systems with time delay[J]. Automatica，2019，103：418-423.

[18] Yang H，Yang Y，Han F，et al. Containment control of heterogeneous fractional-order multi-agent systems[J]. Journal of the Franklin Institute，2019，356（2）：752-765.

[19] Han T，Li J，Guan Z，et al. Containment control of multi-agent systems via a disturbance observer-based approach[J]. Journal of the Franklin Institute，2019，356（5）：2919-2933.

[20] Li L，Shi P，Zhao Y，et al. Containment control of multi-agent systems with uniform quantization[J]. Circuits，Systems，and Signal Processing，2019，38（9）：3952-3970.

[21] Zuo S，Song Y. Output containment control of linear heterogeneous multi-agent systems using internal model principle[J]. IEEE Transactions on Cybernetics，2017，47（8）：2099-2109.

[22] Cong Y，Feng Z，Song H，et al. Containment control of singular heterogeneous multi-agent systems[J]. Journal of the Franklin Institute，2018，355（11）：4629-4643.

[23] Ma Q，Xu S，Zhang B Y，et al. Cooperative output regulation of singular heterogeneous multiagent systems[J]. IEEE Transactions on Cybernetics，2015，46（6）：1471-1475.

[24] Altafini C. Consensus problems on networks with antagonistic interactions[J]. IEEE Transactions on Automatic Control，2012，58（4）：935-946.

[25] Chen S，Xia Z，Pei H，et al. Stabilizability and bipartite containment control of multi-agent systems over signed directed graphs[J]. IEEE Access，2020，8：37557-37564.

[26] Meng X，Gao H. High-order bipartite containment control in multi-agent systems over time-varying cooperation-competition networks[J]. Neurocomputing，2019，359：509-516.

[27] Zhou Q，Wang W，Liang H，et al. Observer-based event-triggered fuzzy adaptive bipartite containment control of multi-agent systems with input quantization[J]. IEEE Transactions on Fuzzy Systems，2021，29（2）：372-384.

[28] Su Y，Huang J. Cooperative global output regulation of heteroge-neous second-order nonlinear uncertain multi-agent systems[J]. Automatica，2013，49（11）：3345-3350.

[29] Zhao Z，Hong Y，Lin Z，et al. Semi-global output consensus of a group of linear systems in the presence of external disturbances and actuator saturation：An output regulation approach[J]. International Journal of Robust and Nonlinear Control，2016，26（7）：1353-1375.

[30] Duan J，Zhang H，Han J，et al. Bipartite output consensus of heterogeneous linear multi-agent systems by dynamic triggering observer[J]. ISA Transactions，2019，92：14-22.

[31] Deng Q，Wu J，Zhan X，et al. Fixed-time bipartite consensus of multi-agent systems with disturbances[J]. Physica A：Statistical Mechanics and its Applications，2019，516：37-49.

[32] Deng Q，Peng Y，Han T，et al. Event-triggered bipartite consensus in networked Euler-Lagrange systems with external disturbance[J]. IEEE Transactions on Circuits and Systems II：Express Briefs，2021.

[33] Wu J，Deng Q，Han T，et al. Distributed bipartite tracking consensus of nonlinear multi-agent systems with quantized communication[J]. Neurocomputing，2020，395：78-85.

[34] Meng D. Bipartite containment tracking of signed networks[J]. Automatica，2017，79：282-289.